小小太空探索
图书馆

太空望远镜

孙媛媛◎编著

[美]欧阳凯 (Kyle Obermann)◎编审

北京理工大学出版社
BEIJING INSTITUTE OF TECHNOLOGY PRESS

图书在版编目（CIP）数据

太空望远镜 / 孙媛媛编著 . — 北京 : 北京理工大学出版社 , 2019.4

ISBN 978-7-5682-6949-0

Ⅰ . ①太… Ⅱ . ①孙… Ⅲ . ①天文望远镜—青少年读物 Ⅳ . ① TH751-49

中国版本图书馆 CIP 数据核字 (2019) 第 072812 号

出版发行 / 北京理工大学出版社有限责任公司
社　　　址 / 北京市海淀区中关村南大街 5 号
邮　　　编 / 100081
电　　　话 / （010）68914775（总编室）
　　　　　　（010）82562903（教材售后服务热线）
　　　　　　（010）68948351（其他图书服务热线）
网　　　址 / http://www.bitpress.com.cn
经　　　销 / 全国各地新华书店
印　　　刷 / 保定市中画美凯印刷有限公司
开　　　本 / 889 毫米 ×1194 毫米　1/16
印　　　张 / 8　　　　　　　　　　　　　　　　　责任编辑 / 李慧智
字　　　数 / 125 千字　　　　　　　　　　　　　　文案编辑 / 李慧智
版　　　次 / 2019 年 4 月第 1 版　2019 年 4 月第 1 次印刷　责任校对 / 周瑞红
定　　　价 / 39.00 元　　　　　　　　　　　　　　责任印制 / 李志强

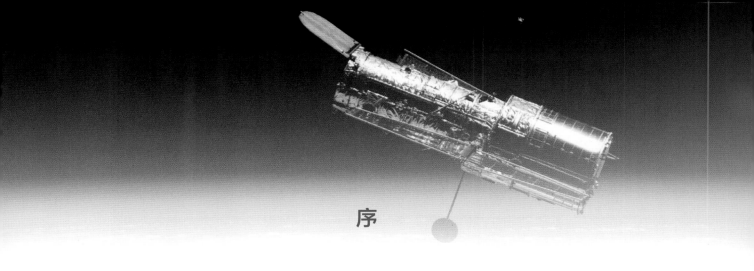

序

习近平总书记指出，探索浩瀚宇宙，发展航天事业，建设航天强国，是我们不懈追求的航天梦。经过几代航天人的接续奋斗，我国航天事业创造了以"两弹一星"、载人航天、月球探测为代表的辉煌成就，走出了一条自力更生、自主创新的发展道路，积淀了深厚博大的航天精神。

一个民族素质的提高与科普有很大关系。所以，尽管工作很忙，但我还是尽可能地在全国范围内，针对不同受众，其中也包括大量中、小学生，努力地开展航天科普活动。近几年来，围绕人类为什么要开展航天活动、中国空间技术的发展、中国的探月工程、小行星探测意义等主题，我每年平均要做 20 多场科普报告，深受听众欢迎。但只靠讲和听，受众还是十分有限，有的内容对小读者们来说也不太易懂，并不十分适合。为此，北京理工大学出版社策划出版了《小小太空探索图书馆》丛书，就是要把有关航天科普的内容和精彩生动的故事以更加有趣易懂的形式展现给更多的小读者。本丛书出版的初衷就是希望能够更大地激发青少年对太空探索的兴趣、对未知领域探索的兴趣，并向几代航天人的航天精神、科研精神致敬。

丛书第一辑共 5 册，邀请了来自中国空间技术研究院、中国科学院国家空间科学中心、中国科学院国家天文台、北京大学等单位的一线工作者、科普积极分子和优秀科普作家精心编写，力图语言简洁明快，图文并茂，并融入让静态图文"活"起来的增强现实（AR）技术，可以通过扫描二维码随手进入"视听"情境。丛书通过讲述嫦娥探月、火星及深空探测器、国际空间站和太空望远镜等国内外太空探索历程中耳熟能详且备受关注的话题，带领小读者们一同畅游广袤无垠的神奇太空：从月球传说到探月工程，人类由远望遐想变为实地探测；从第一个火星探测器的诞生到计划载人登陆火星，这期间有许多已经发生和可能还会发生的失败历程；从先锋号探测器到旅行者号，人类探索太空的脚步愈来愈远；从国际空间站计划到实际建成，中国宇航员在我国自己的空间实验室及未来的中国空间站中吃、住、工作与休闲的情景都将一一展现在小读者面前；从哈勃空间望远镜到詹姆斯·韦伯空间望远镜，太空观测技术的进步让人类与浩瀚星海的距离不断拉近，终可更清楚地一睹它们的魅影……太空探索的道路是曲折的，也是神奇有趣的，更是有巨大意义的！当一个个未知的星体被发现，当一个个已知的难题被攻破，当一个个新的问题呈现眼前，那份自豪与兴奋是难以言表的。

星空浩瀚无比，探索永无止境。相信在不久的将来，天空中会有更多的中国星，照亮中国，也照耀世界。航天梦作为中国梦的一个重要组成部分，它的实现必然极大地鼓舞全国人民，激发民族自豪感，凝聚世界华人力量。希望本丛书既能满足小读者们了解航天新知识及其发展前景的渴求，也能激发小读者们对航天事业的兴趣，培养小读者们的科学探索精神。相信小读者们在阅读丛书的过程中一定会有所收获，并能产生对科学、对航天的热爱，这就是本丛书的价值所在。

愿《小小太空探索图书馆》丛书能成为广大小读者的"解渴书""案头书"和"枕边书"。祝愿小读者们能够在阅读中感受到更多的乐趣，同时得到更多的知识！

中国科学院院士

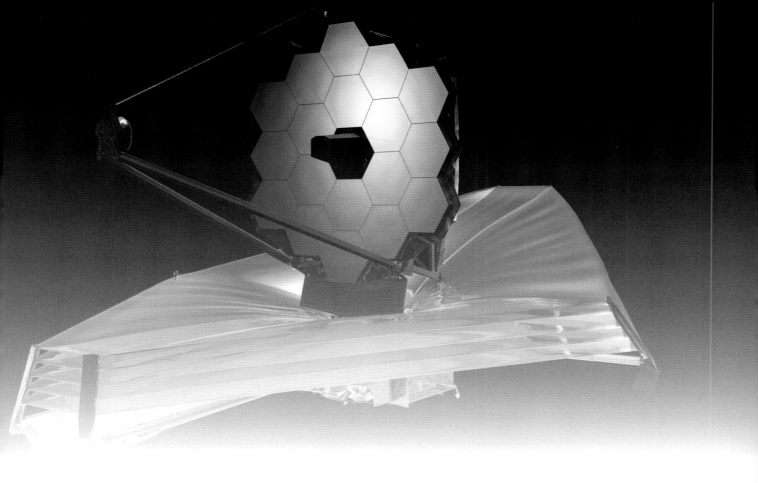

笑望天空，五百千里以外

　　天文学家都是美食家，倒不是因为他们厨艺如何，关键在于他们吃东西时候的心境。我认识一位从事天文观测四十余年的老天文学家，几近退休之时，依然晚上熬夜观星、白天呼呼大睡，而且据说遇到他到站上观测，与之搭班的观测助手总显得兴奋异常，因为在夜半时分，大家饥肠辘辘之时，这位老爷子就会动手煮面，花样翻新，品类繁多。也不知道是大家真的饿了吃得香，还是老爷子确实有两下子，他做的面传来传去神乎其神，看看面的名字就可见一斑：带个荷包蛋的叫作塞弗特星系，打成蛋花的叫作大尺度结构。我曾经问他："如果打了两个荷包蛋，是不是该叫作星系碰撞呢？""不，"他一脸严肃，"这个叫作共包层双星。"看来，真正没有浪得虚名的，不是厨艺，而是他的天文情怀。

　　而今的天文学已经是众多科学中热度最高的一种，但它也是那种让人听得神乎其神、不知所云的科学，绝对不是让人们认识几种鸟、几种虫子那么简单。天文学就是这样，看起来很美，想体验这种美很难。我见过很多对天文学很感兴趣的学生，经常问我一些他们听到过而不明白的天文名词，比如黑洞、引力波、大爆炸等，似乎天文学必须这么高深、这么"激烈"才对。我总想带这些学生找个无月的晴夜到郊外去仰望一下，可能也就这么一下，他们就明白了什么是真正的天文学，也知道了为什么我们要去探索天文。

空间天文学，并不是多么高深的学问，也算不上多么前沿的一种视角。空间天文观测充其量是为了弥补地面天文观测的不足，运用更为先进的科学技术，把天文台搬到天上去，获得更加良好的观测效果罢了。然而仅仅高度的变化、观测位置的变化，给我们带来的结果却是截然不同的。20 世纪 90 年代初的哈勃空间望远镜拥有很多粉丝，很多对天文并不了解的人将其视为当时全世界最大的望远镜。然而，把哈勃空间望远镜放在地面上，与众多大型天文设备相比并不起眼。不过，就是这个望远镜，给公众带来了最多、最美的宇宙画卷。把望远镜搬到宇宙空间，这个过程究竟有什么魔法？对于此，绝大多数人没有兴趣了解它，但不能不说，这是我们探索宇宙未来的有效方式。或许它没有黑洞、引力波、大爆炸那些词眼刺激，却更好地诠释了天文学是一种观测科学的魅力，更体现了人类探索天文方法的一步步努力。

然而，这个并不吸引人眼球的故事，到底有没有人听呢？

于是，我们看到了喜欢天文学的西多，还有那个博学而和善的邹老师，讲述了这样一个故事，关于天文，关于空间望远镜，关于神秘的太空世界。

所以啊，天文情怀体现在很多不同的地方，厨艺是一种，讲故事也是一种。

梵天

2019 年 4 月

目录
CONTENTS
太空望远镜

图片来源：[美]欧阳凯（Kyle Obermann）

《太空望远镜》AR 互动使用说明

1 扫描二维码，下载安装"4D 书城"APP；

2 打开"4D 书城"APP，点击菜单栏中间扫码按钮
  📱，再次扫描二维码下载本书；

3 在"书架"上找到本书并打开，对准带有
  页面画面扫一扫，就可以使用太空望远镜了！

CHAPTER 1

第一章

天文台的梦想

南半球天空之境 图片来源：叶梓颐

天文台真是个神秘的地方。

现在，应该是我们的主人公出场的时候了。西多同学，12岁，今年呢，小学刚毕业——这个暑假可以说是最轻松的一个假期了。虽然家长还是给他安排了好几个星期的学习班，但中间居然有两个星期的空档。你说西多是吃喝玩乐呢，还是蒙头大睡呢？反正第一天他选择了后者。可是事与愿违，该死的生物钟起了关键作用，早上八点之后他瞪圆了眼睛居然睡不着了。此时的西多，可能和我们过周末早晨的感觉一样，躺在床上开始浮想联翩，眼睛打量着天花板还有卧室的每一个角落。

太阳耀斑爆发

书柜里，各种奥数、英语教辅什么的，早已经翻烂了。

书桌上，放假前写作业的笔还没收到铅笔盒里，书也乱摊着。

哦对，书桌上的地球仪，这个还不错，这是西多发呆时喜欢的东西。别人不知道，他已经悄悄把上面的地名记下了不少，就连什么斯洛文尼亚、亚美尼亚、阿塞拜疆、立陶宛这些地方他都能背下来了。

西多的视线再往上一点，看到了他那台已经有点落灰的天文望远镜。说起这个天文望远镜，可真有点来头。他父亲是中科院地理所的工作人员，认识一个天文台的老师。十岁那年，那位老师送给西多一台小型天文望远镜——在那时看来这个天文望远镜又大又高级，高级到不会用。结果两年了，他居然还没成功使用过一次。不过据说，那位老师在专业的天文台工作。想到这里，他就冒出了本文最开头的那个念头。

没错，天文台真是个神秘的地方。如若能去天文台玩玩，那该是个多美的事情！可实话实说，别说天文台了，连正经的星空，西多也没有看见过。他倒是见过星空摄影师拍到的银河，简直美得炸裂。他也想去看。不过，去哪儿看呢？怎么看呢？他一无所知，而对于天上那些星星等天体的名字，他也是俩眼一摸儿黑。如果有个星空摄影师带着他去拍银河就好啦！上学期刚开学的时候，有一位星空摄影师带着印刷好的照片到西多的学校做过一次展览，西多厚着脸皮要了这位叫 Kyle 的星空摄影师（是个外国人啊 !!!）的微信。不过那个摄影师的头像一直没什么动静，朋友圈也看不到他——不会是把我删除了吧，还是因为老外不怎么用微信？想到这里，西多拿起手机，找到这个摄影师，给他发信息道："你好！"哦不对，应该用英文，于是他又改写为："Hello ？"

没想到，那个摄影师回复了："你好啊。"

没想到，他会中文啊！

于是西多直截了当："我想去看星星，我该怎么做呢？"

接下来，西多开始了期待。

然而，这个摄影师居然不回复了！

大约两分钟后，摄影师的消息来了："请给我你的电子邮件地址。"

出乎意料，现在还有用电子邮件通信的吗？不过他还是给了那个外国摄影师自己的邮件地址，那通常是老师群发复习资料用的：xixiduoduo@163.com。

或许，那个摄影师只是客气一下而已，不要抱太多希望哦，西多对自己说。可是对他来说，不期待是不可能的。

在这个漫长的上午，西多还是干了不少事。他首先收拾了屋子，把书桌什么的收拾得干干净净，收拾东西还有意外收获，被他弄丢的一块三棱镜重见天日，原本是同学送

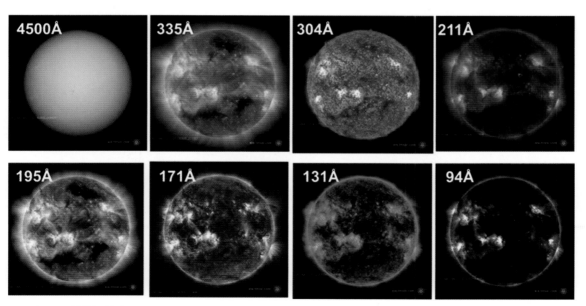

不同色彩通道拍摄的太阳

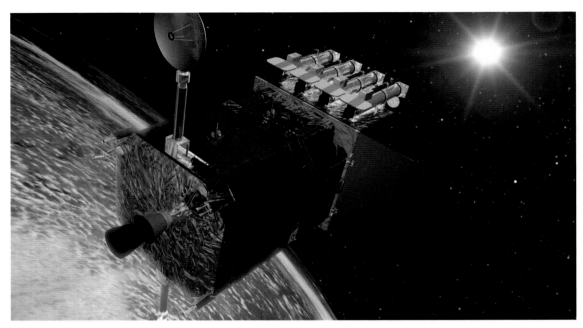

太阳动力学天文台

他的，他还试过用三棱镜做分光实验，也就是把太阳光分为七色。结果不知什么时候被踢到了床底下。然后他还被要求出去买了菜和水果，路过水果摊的时候看到有人卖旧书，其中居然有一本20世纪80年代的《天文学教程》，是南京大学天文系的两位老教授写的，只可惜上下两册中缺了上册，只有下册。他翻看了一番，发现都是公式、概念和一些陌生名词，突然间他觉得天文学一点都不好玩。卖旧书的好心把这本书送给了西多，毕竟这书真的没人要。

　　等他回到家，那位摄影师的邮件到了，是这样写的：

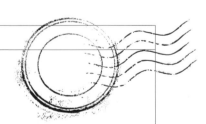

亲爱的 xixiduoduo：

　　你提到你想看星空，我把我写的一篇文章分享给你。

　　请查看附件。

　　P.S. 如果有机会，可以了解哈勃空间望远镜的资料。

Yours

Kyle.

CHAPTER 2

第二章

Kyle 关于星空的邮件：
《美国星光公园之夜》

图片来源：[美]欧阳凯（Kyle Obermann）

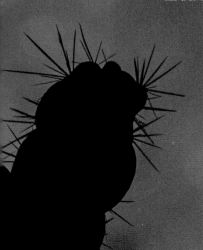

欧洲荷兰著名画家凡·高曾经说过："至于我，我不知道世间有什么是确定不变的，我只知道，只要一看到星星，我就会开始做梦。"伴随着人类的历史，繁星点缀着的寂静夜空一直给予我们归属感，使我们了解人类在宇宙中的地位，启发及震撼我们的心灵。凡·高称它"夜星"，而我们现在普遍叫它"夜空"，有些文人称它"满天繁星"。不过有谁真的看过它吗？

在美国得克萨斯州，仿佛任何路人都能背诵这首耳熟能详的歌："夜晚的星星大而亮，深深地埋藏在得州的中央。"夜空与生命始终是息息相关的，它是得州老百姓的骄傲和音乐家的灵感。记得小时候的一个夏季我参加了一个到农村的夏令营。夜幕降临，深邃的星斗被暗夜"捞"起来时，我们小孩都喜欢躺在草原上听着大人弹吉他，举目仰望头顶上的荧荧世界。当时的我觉得地球最美丽的夜空就是这里。

图片来源：[美]欧阳凯（Kyle Obermann）

后来，在中国和新西兰留学之后，22 岁的我又来到了那个夏令营去过的村庄。夕照渐消，星斗跟过去一样，一颗一颗在黑丝绒般的夜空中闪现。不过当我将眼睛望向东边的地平线时，竟然看到一个令人惊讶的景象：虽然天已黑，不过东边却仍明亮，乍一看以为是月亮在升起，可是其实当夜是新月。更仔细看时，发现东边的光似乎从两个高而细的塔发出来。后来发现，这正是 Fayette 县的火电厂，二氧化碳污染的最大来源。当晚我意识到了一种新的污染：虽然夜空西部星星很多，但接近东部地平线的天空仿佛连一颗璀璨的星斗都没有。那一个夜晚，我发现了什么是人工光害。

　　如今，大部分人对光污染应该有了一个基本的了解：1879 年爱迪生发明电灯以后，我们的世界也随之而变成了一颗"电灯"。美国业余天文家和环境文学教授保罗·波嘉德在《夜的尽头》里写道："如果我们目前爬升到纽约帝国大厦的观景台看夜空，我们仅仅能看到 18 世纪的人们能看到的星星的百分之一。"

　　面临这种光污染逐渐蔓延的窘境，我不禁想：我们祖辈从 10 万年前直到 1879 年一直生活在星夜之下。如果现在丢失了夜空，我们失去了多少财富？我们能采取什么措施来保护暗夜？

图片来源：[美]欧阳凯（Kyle Obermann）

重访家乡的夜空

2016 年 7 月，我从中国回到我的家乡得克萨斯州。我家在奥斯丁市，地理位置大概在得州的中央。因为我的那些朋友们都忙，我问父亲是否愿意跟我一起去寻找得州最佳的夜空。2015 年父亲已退休了，虽然当天离他的 62 岁生日仅有 6 天，但仍然热爱生活的他立即同意了。我们决定驾车 9 小时前往得州的西部沙漠，主要原因是沙漠往往是渺无人迹的，城市和人造成的光污染少，还有沙漠的空气干燥而通透，所以沙漠依然是观星的圣地。

可惜，如今美国最后的几片观星圣地都面临危险了。美国沙漠的天然桥和大峡谷国家公园的暗夜，随着灌溉发展和城市化，都面临光污染的蔓延。对于得州西部，最新的暗夜杀手来自近几年崛起的石油天然气行业。得州西部位于一片大型沉积盆地，叫二叠纪盆地，地下蕴藏了美国最大的原油储备。随着经济发展，这片荒原盆地暴富了。自2005 年以来，每年都发放大量的石油钻探许可证。经济的迅速发展也导致了人口的膨胀，随后彻底改变了这片荒凉之地的命运。

人类的灯光，头顶的星空　图片来源：[美] 欧阳凯（Kyle Obermann）

在从奥斯丁驾车往西的路上，我们开始看到了这种变化。我们开车走过的距离越远，土地越干旱，得州中央的苍翠山丘慢慢地消失了，进入眼帘的是一片宽阔的草原。在草原边缘，山顶平坦的荒凉山脊宛如一条石链延伸到遥远的地平线。许多山脊上面有白色的风轮机。父亲开始不断地低声自言自语："哇，这边真的改变了不少。"

第二天我们到了麦克唐纳天文台。这个天文台在 20 世纪 30 年代曾经拥有世界第二大望远镜，而且它直到现在依然是一座重要的天文台。得州大学的天文学家 Bill Wren 就住在这里，他被人称为"暗夜教父"，是得州暗夜保护运动的先驱者。那天下午我见到了他，他的头发已经变白，目光睿智，善良而有智慧的样子。

"我们需要的是实干和基层教育。"他轻声对我说。他相信公共教育是暗夜保护的秘诀。几十年前，Bill Wren 刚来麦克唐纳天文台的时候，研究的是超新星。可是，最近几年他将一半的时间投入暗夜保护运动。在这一工作中他大多的努力集中在与石油公司的合作方面，改良他们的照明设备。现在，麦克唐纳天文台的夜空亮度增加到了比自然无光的夜空亮 10%。

大湾公园星空　图片来源：［美］欧阳凯（Kyle Obermann）

Bill 并不反对室外照明，而是主张良好的室外照明。他说，根据和石油行业公司合作的经验，因为照明设备往往过亮，引发伤害员工眼睛的眩光，还浪费能源，石油公司的员工一般都很乐于改进照明设备。他推荐的改革措施非常简单：对超过 1800 盏的灯加装防眩光的灯罩，改变照明光的角度使它仅照亮地面的方向。

Bill 认为光污染的问题也出于一个简单的原因：普通人和产业界对暗夜保护的认识不足，一般的公司都"丝毫也没想到他们的照明设备会引发光污染的问题"。他还帮助政府制定石油行业公司和协会关于控制光污染的新条例。在这种教育和宣传的战略中，Bill 强调暗夜保护不需要"胡萝卜加大棒"的方法，暗夜保护的运动"应当保持简单，它是一件公共教育和意识方面的事，我们不需要采用强制手法，只需要告诉人们暗夜保护和防治光污染的措施有利于所有的人，他们就会自然地去做"。

现今，为了保护麦克唐纳天文台免受光污染蔓延之害，有人想把这里建成一个 25 600 平方公里的暗夜储备区。如果这一项目能够成功，戴维斯山脉就会成为美国的第一个暗夜储备区。

图片来源：[美] 欧阳凯（Kyle Obermann）

大湾国家公园

　　第 3 天，我们从戴维斯山脉出发，驾车 3 小时到达瓜达卢佩山国家公园。月落之后，我一个人在凌晨起床，爬到山峰远望。站在海拔 2 667 米高的山顶，银河仍然宛如一条珍珠项链从西南延伸到东南。不过远看下面的盆地，可见不计其数的小黄灯一直在轻轻地闪烁。

　　除二叠纪盆地的广袤石油储备地外，得州还有一个地方，至今仍未受光污染的影响。这个特殊区域被当地人称为"大湾"，它是由美墨边界的里奥格兰德河形成的，是得州炎热沙漠的一个独具特色的生态区域，是美洲狮和黑熊的珍贵栖息地。除此之外，大湾也有一个非凡的自然遗产：大湾国家公园中最纯粹的夜空

天空之境　图片来源：叶梓颐

2012 年大湾国家公园得到了 IDA（国际暗夜协会）夜空公园的称谓。大湾的夜空光污染极少。当驾车到大湾国家公园里面时，它黑暗的原因立刻显示出来：荒无人迹是大湾的特点。四面八方直到地平线，全是酷热的碎石、锐利的仙人掌以及孤独而荒凉的山脊。这里和布满人工石油钻井的沙漠不一样，若没有公路，就人迹全无。举头仰望夜空时，我的灵魂被震撼了。星斗离我们那么近，宛如可以用手直接触摸。

除了荒凉以外，大湾国家公园的暗夜还有值得注意的元素。首先是如 IDA 项目经理 John Barentine 指出的："得州人给予暗夜一种文化性的价值。"将暗夜视为遗产，人们自然便会保护它。不仅如此，大湾当地人都认识到了暗夜保护对旅游产业和经济利益的积极影响。

大湾国家公园改变照明前后的对比效果　图片来源：[美]欧阳凯（Kyle Obermann）

大湾国家公园在得到IDA 夜空公园身份的过程中实施了几个重要措施：第一步，他们和国家公园管理局的自然与夜空局合作，对大湾的夜空亮度进行了一次测量，并依据测量的结果制定了改善亮度的方法。下一步，为了降低成本和减少对外部的依赖，大湾国家公园实行了一个试验计划并将此工程承包给一家专门的照明公司，将公园所有照明灯更新。现在大湾的夜空比以前更黑暗了，公园的照明设备能源消费也降低了 98%。大湾的地理位置带来了一个很大的优势，在公园管理人员的指导下能保证大湾的未来也和现在一样满天星斗。

　　离大湾国家公园 720 公里，得州还有一个地方正在领导暗夜保护的运动。跟大湾不一样的是，它位于一个人口接近 200 万的大都会区的中心。这个城市叫作 Dripping Springs，在无月而清晰的夜晚，从城市的中心你仍然能看到银河。Drippings Springs 也是 IDA 的另外一个暗夜保护区，在 2014 年成为得州第一个暗夜天空社区。

　　社区暗夜保护运动的领导者，是一位普通但具有防眩光和光污染意识的市民——Cindy Cassidy。作为一个热爱观星但没有专业天文背景的人士，她认为暗夜保护运动的原则和措施"必须"被普通老百姓容易理解。由此，在 Drippings Springs 成为暗夜的天空社区之前，她就已主动地开展关于光污染和暗夜保护的公共课程和教育活动。

　　后来，她和其他市民一起起草了一个城市照明条例，提供给市政当局。照明条例当中包含了几个要求，比如，所有在外的私人照明设备必须向下照射，并且配有防眩光的灯罩。商业区和居住区的光输出量不能超过10 万流明 / 英亩①。在回顾时，Cindy 觉得 Drippings Springs 暗夜天空社区的成功来自他们针对普通市民宣传普及的可操作方法。当我问她有没有给刚刚开始暗夜保护活动的社区的建议时，她那双温柔而聪慧的眼睛盯着我说："我们得从全局来看暗夜保护，不能仅仅是看星星的问题。"保护夜空、暗夜保护不仅是天文学家的事，因为涉及每个人的利益，必须呼吁每个人的参与。

大湾国家公园的暗夜
图片来源：［美］欧阳凯（Kyle Obermann）

---

① 1 英亩＝4 046.86 平方米

想成为一名星空摄影师吗？也许你应该先了解黑夜，了解星空……作为一名星空摄影师，我深深地体会到光污染对星光的危害。对于专业的天文观测来说，更加需要综合考虑地球大气的影响。大气层虽然保护着地球，但却是不利于专业天文观测的，比如光学望远镜会遇到视宁度问题，让我们看不清天体细微的结构（当然，这些年的主动光学技术可以部分解决这个问题），而对于红外望远镜和 X 射线、γ 射线望远镜观测来说，地球大气层则是"灭顶之灾"，因为绝大部分信号都被地球大气层吸收或阻挡了！解决办法只有一个：在太空中建立天文台！

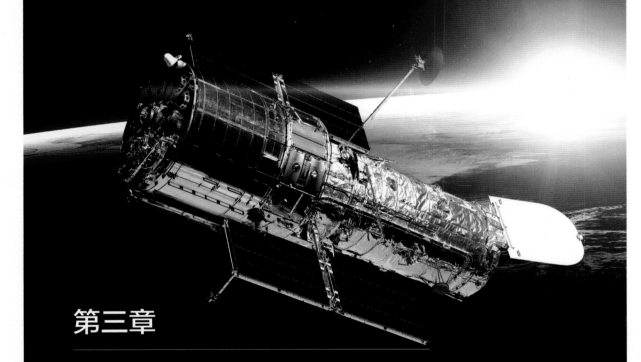

CHAPTER 3

第三章

太空中的星空摄影师
——哈勃空间望远镜

什么？在太空中建立天文台？

对于西多而言，去北京郊外的天文台转转还尚有可能，然而这位摄影师却说，想拍摄到人们心目中那种宇宙景象，最好到地球大气层以外去！西多又看了下摄影师邮件中的最后那句："P.S. 如果有机会，可以了解哈勃空间望远镜的资料。"都什么年代了，还 P.S.，真受不了。西多一脸无奈。不过反过头来，哈勃太空望远镜确实是鼎鼎大名，都说哈勃望远镜厉害，但厉害在哪里，他可是一无所知。或许，天文台的那位老师可以给他一些答案。

然而，事与愿违，他先是委托父亲去问那个天文台的老师，没想到天文台的老师忙得要命，一推再推，最后很勉强地给了西多一个电子邮箱，说有什么问题用电子邮箱问他好了。西多不理解，为啥总碰到喜欢用电子邮件的人呢？硬着头皮，西多还是给这位老师发了邮件：

邹老师您好！

（对了，忘了说这位老师姓邹，西多总是记不住这个姓。）

　　最近我在学习天文知识，想了解一些关于哈勃空间望远镜的资料，可以吗？

西多

长舒一口气，西多把邮件发了出去。不得不佩服科研人员的效率，不到半个小时，邮件回来了：

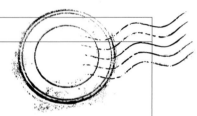

　　请看附件。

　　P.S. 做好笔记，下次讨论。

邹

又是附件！

当西多打开附件后，那种感觉是让人惊愕的。我想，只要是见过理工类教材课本的人都会有这种想法，这和西多打开从地摊上淘来的那本 20 世纪 80 年代的《天文学教程》的感觉基本一致：头昏脑涨。更可怕的在于，还要做好笔记！还要讨论！这简直是和父亲一样的工作方式。不过既然是求教，这篇文章还是要好好读的，好在邹老师已经尽可能地把专业内容科普化了，在这里必须要感谢西多，他把他看得懂的东西摘了出来，因此以下内容看上去相对有趣：

说起震撼人心的宇宙美景，你的脑海里会出现什么样的画面？是我们身处的太阳系那叹为观止的影像，耀眼的恒星诞生与死亡的神奇幻化，如梦如幻的星云，璀璨绚丽的星系，还是遥远深空中深邃的天体？

不管是什么，毫不夸张地说，你看到过的宇宙照片，80% 出自哈勃空间望远镜。

28年，10 220天，14万圈，近60亿公里，120多万次观测任务，超过38 000个天体……

哈勃空间望远镜，是当今全球最广为人知的一个天文望远镜，也是NASA（National Aeronautics and Space Administration, 美国国家航空航天局）最重要的空间望远镜。

1990年4月24日，美国的肯尼迪航天中心，发射升空了一个以天文学家埃德温·哈勃的名字命名的探测器：哈勃空间望远镜（Hubble Space Telescope，HST）。彼时，人们并不知道这个望远镜带给人类的将是何等的宇宙奇观和图景！因为，哈勃空间望远镜是世界上第一台空间望远镜。它身长13米，重量12吨，比一辆校车还重、还长，用电量跟一台洗衣机差不多。哈勃空间望远镜运行在地球大气层之上，因为在那里它不会受到大气湍流的扰动。透过它那当时举世无双的口径2.4米的望远镜镜片，这个"太空之眼"能看到宇宙更远处不为人知的细节。"哈勃"，也因此成为这个世界最无敌的宇宙美景摄影神器——

1993年底，"哈勃"的第一批影像数据到达了地球。

1994年，"哈勃"拍到了苏梅克-列维9号彗星与木星的致命一撞。

1995年，"哈勃"拍摄了金星大气上层的云。

1996年8月13日，"哈勃"拍摄了海王星自转过程中的16.11小时，揭示了海王星上剧烈的气候模式。

"哈勃"的眼光可不只限于太阳系，大部分时间，它都在眺望地球光年外的世界。

行星、卫星、小行星、彗星、超新星、银河系、河外星系……都在"哈勃"的观测范围。"哈勃"拍到星系中新生的泡泡，气体云碰撞、压缩并形成的新一代的恒星，两个星系的优雅撞击，见证了星系合并的过程，甚至利用引力透镜，将目标看向宇宙的极早期，观测到几十亿年前的超新星的样子。

"哈勃"取得的天文发现数不胜数，以下几个在某种程度上来说是最为重要的。

哈勃在太空中的矫健身姿　图片来源：NASA

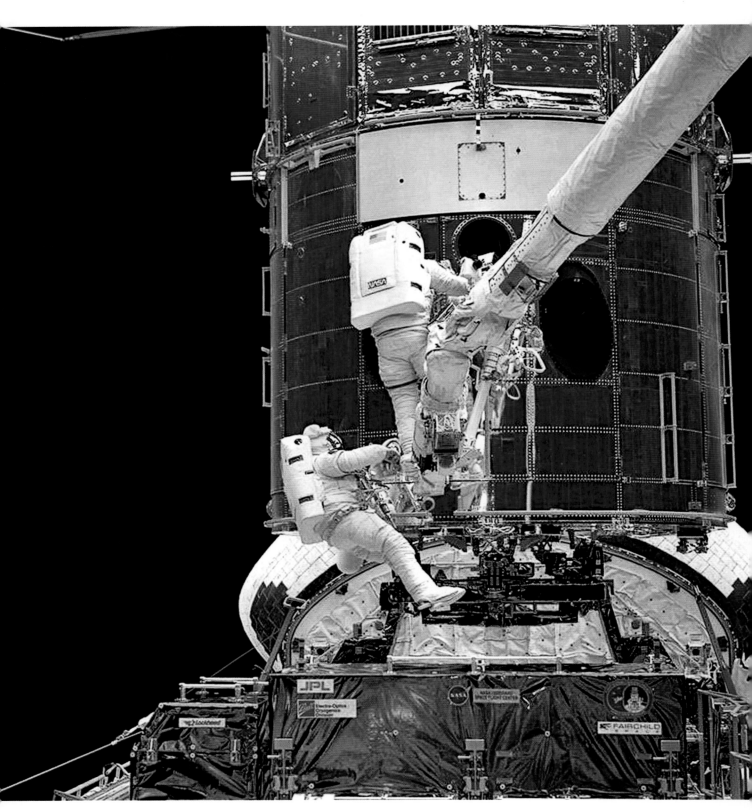

宇航员对哈勃进行升级和维修　图片来源：NASA

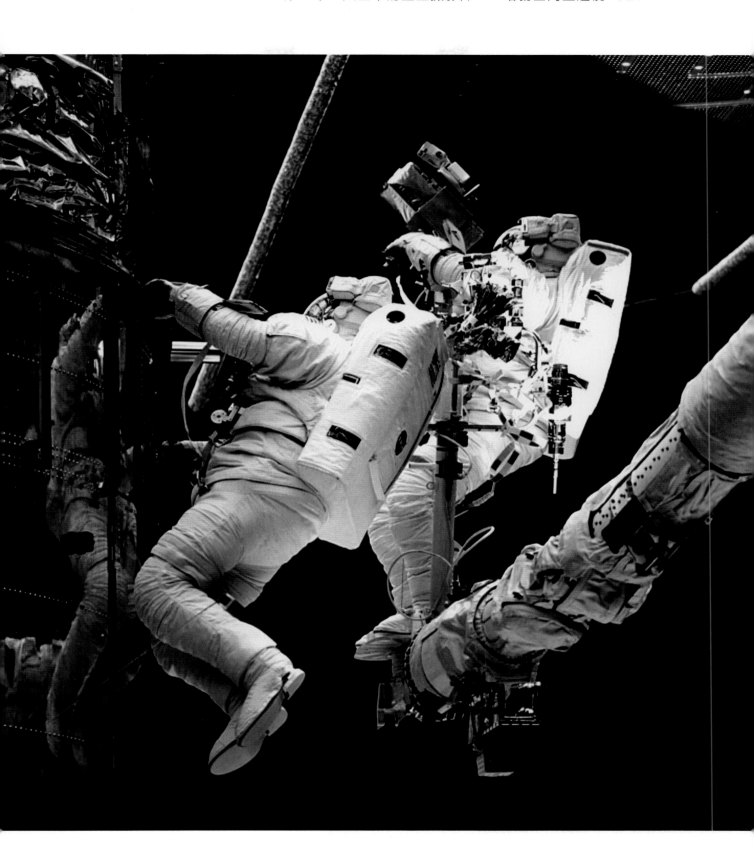

早期的宇宙是一块芝麻糖

　　1995 年 12 月 18 日至 12 月 28 日，哈勃空间望远镜对着大熊座一片看似空无一物的天空进行了长时间的深度曝光，拍摄时间持续 10 天，使用了 342 次曝光叠加，其结果是让人惊叹的：这片天区几乎没有银河系内的恒星，而是各种各样稀奇古怪的星系——这是人们期盼已久的宇宙早期星系的模样，闻名于世的"哈勃深场"由此诞生。1998 年，"哈勃"又以同样的方式，拍摄了南方的杜鹃座中的一块小天区，叠加合成的照片即著名的"哈勃南天深场"。

哈勃深场（左）和哈勃南天深场（右）　图片来源：NASA

　　2003 年，"哈勃"又重复了这一探索，但所用的相机性能比之前更先进，曝光时间也增加了很多。于是，拍摄的深度也更加接近宇宙早期。2003 年 9 月 24 日至 2004 年 1 月 16 日，"哈勃"累积拍摄了 800 张图像，这次"哈勃"对准的是天炉座的一片区域，得到的图像是 130 亿年前星系的景象。2012 年，"哈勃"将天炉座这片天区累计的 10 年数据进行了叠加，得到了"哈勃极深场"照片，这张照片的总曝光时间达到 23 天，拍摄深度达到 132 亿年，这就是我们看到的最遥远最早期的宇宙了。早期的宇宙像什么样？像不像一块芝麻糖？

哈勃极深场 2004 年　图片来源：NASA

哈勃极深场 2012 年　图片来源：NASA

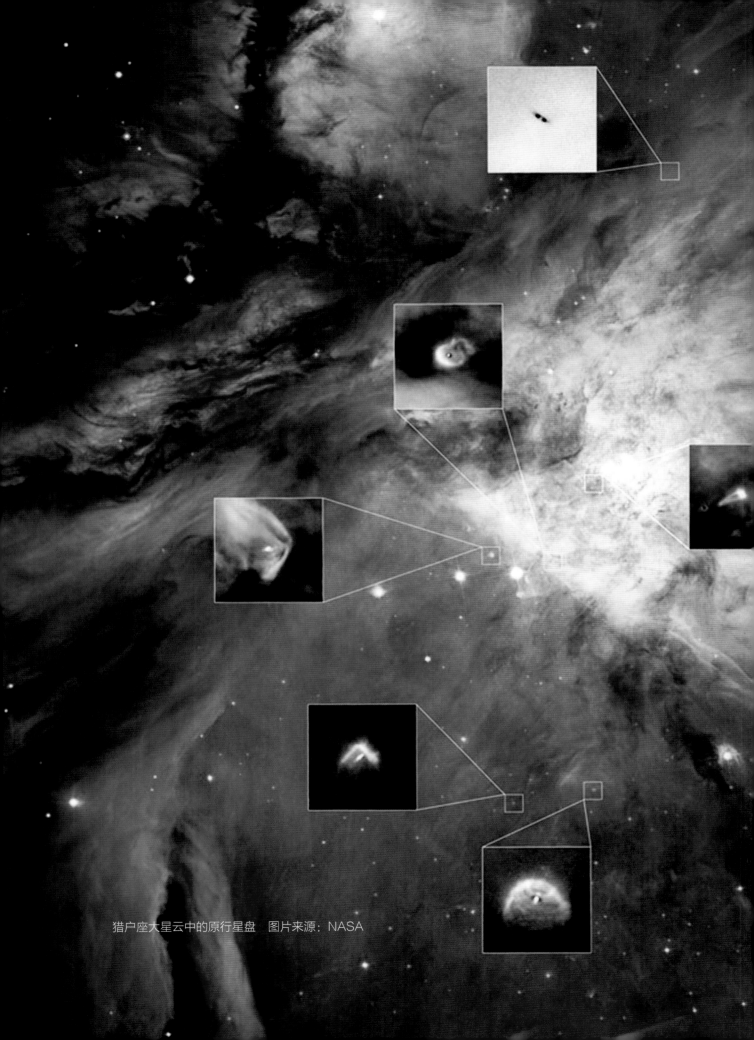

猎户座大星云中的原行星盘　图片来源：NASA

猎户大星云中的原行星盘

46亿年前，太阳系诞生了。人们一直好奇，那时太阳系经历了什么，行星系统如何形成，这些一直是天文学中的谜团。为了揭示这个谜团，哈勃空间望远镜对猎户座大星云进行了高清晰度的成像。猎户座大星云是著名的恒星形成区。在冬季晴朗的夜晚，我们很容易看到天上有三颗亮星排成一行，那就是猎户座的腰带，在腰带的下方有一团模模糊糊的天体，那是一些星云和星团组合而成的，其中最大的就是编号为梅西耶42号（M42）的猎户座大星云。这个星云是一片距离我们很近的恒星形成区，星云主体由发射星云、反射星云、暗星云等复合而成。在"哈勃"对这个区域进行高清晰的成像后，天文学家在里面发现一些很有意思的现象：在一些年轻恒星的周围，可以看到的清晰盘状结构，那就是原行星盘，或许在那里正在形成一个个新的太阳系。还有一些彗星状的结构，那是年轻恒星被强烈星风吹出的结果。

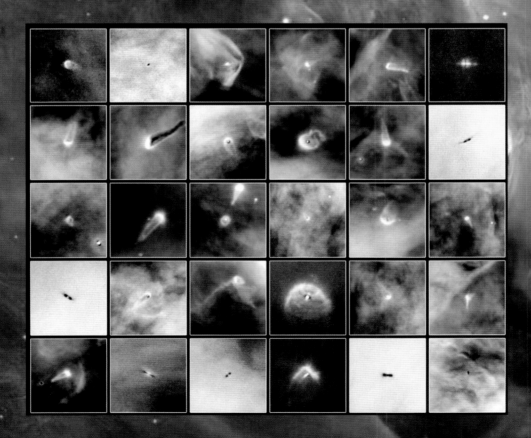

引力透镜光弧　图片来源：NASA

引力透镜和爱因斯坦十字

　　爱因斯坦认为，引力能使光线弯曲，就像光线穿过凸透镜那样，既会偏折也会汇聚。那么假设，如果有一大块质量很大、引力很强的天体，就会发生这样的情况：它会像一个透镜那样，把更遥远天体的形态扭曲成千奇百怪的形状。这个效应就是著名的"引力透镜效应"。扭曲的天体真的存在吗？"哈勃"的高分辨率成像正好用来搜寻这些变形的天体。通过对星系团的深度曝光，"哈勃"发现了一些光弧，甚至有些变成了环形——这就是经过引力透镜后变形的那些更加遥远的天体。不但如此，"哈勃"还拍摄到"爱因斯坦十字"，这是一种比较特殊的引力透镜效应。

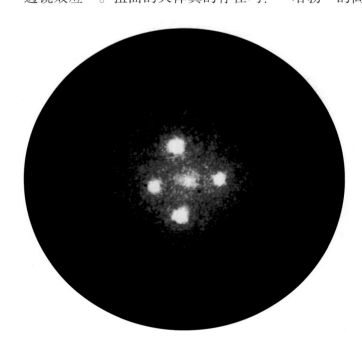

爱因斯坦十字
图片来源：NASA，欧洲空间局（ESA）
太空望远镜科学研究院（STSCI）

太阳系外行星

　　如今，说到发现太阳系外行星已经不是什么大新闻，著名的空间望远镜"开普勒"（这个之后会提到）发现了很多各种各样的太阳系外行星，但开普勒望远镜是通过测量来发现行星的，而哈勃空间望远镜是靠拍摄图像直接"看"到了行星的模样。"哈勃"获取的第一张太阳系外行星照片，叫作北落师门 b。北落师门是南鱼座中最亮的星，在古代的中国，人们认为这颗星是西北战场军队的一个大门，这颗星很明亮，距离地球也比较近，只有 25 光年远（没错，25 光年，就是以光速行走 25 年的距离，这距离我们已经很近啦）。"哈勃"对这颗星的周围进行直接成像拍摄，不但发现了一颗行星，命名为北落师门 b，还发现它在尘埃带附近穿行，从 2004 到 2012 年的照片比对可以得出它运行的轨道。

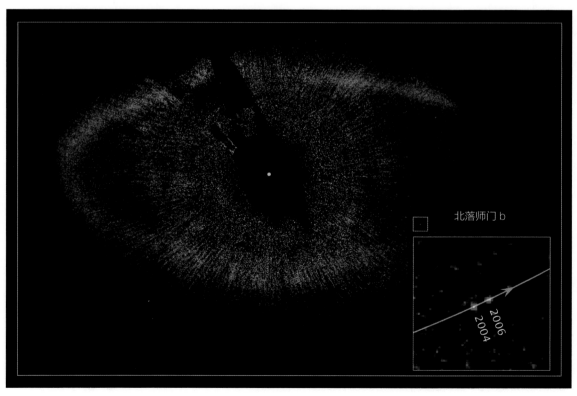

太阳系外行星，北落师门 b　图片来源：NASA, ESA

目睹恒星的诞生

　　像太阳一样的恒星是如何诞生的？当然我们没法回到 46 亿年前去一探究竟，但我们可以看看宇宙中有哪颗恒星正在形成。哈勃空间望远镜监视了船底座大星云中的一块浓密的星云，这片星云如同高耸巍峨的山，山峰之上有个奇怪的结构，形似昆虫的触角——那里有一颗恒星正在诞生，但它诞生在浓密的星云中，我们只能通过"哈勃"看到触角般的喷流结构。通过持续不断的观测，天文学家发现这些喷流还在不断地变化。

船底座星云中，新生恒星的喷流　图片来源：NASA, ESA

光的回声

"哈勃"曾经公布过一张漂亮而有趣的照片，有点像某狐浏览器的标志——一只蜷缩睡觉的毛茸茸的狐狸。这是 2002 年"哈勃"拍摄麒麟座变星 V838 爆发时的意外收获。不过对于天文学家而言，仅仅是漂亮的照片并没有什么用。"哈勃"对于这个变星持续的拍摄终于有了收获，天文学家看清了这个变星爆发膨胀的过程，还发现了一种"光回声"现象。简单来说就是因为光的传播速度有限，因此光花费了数年时间才抵达外面的云层，并照亮它们，使我们能够看到这些云层的结构。

哈勃空间望远镜的成果不胜枚举。它飞越了地球，探索着星空，日日夜夜陪伴着无数好奇的眼睛，让他们从少年的天文爱好者，变身成为世界一流的天文学家。"哈勃"，带领我们从遥远的过去窥视一个绮丽的梦。

西多把这些文字检查了两遍，粘贴在电子邮件中，又加上几句：

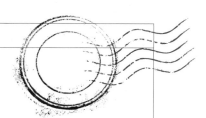

邹老师好！

　　我对哈勃空间望远镜的内容进行了学习，只看得懂这些，别的真的不懂啦！

西多

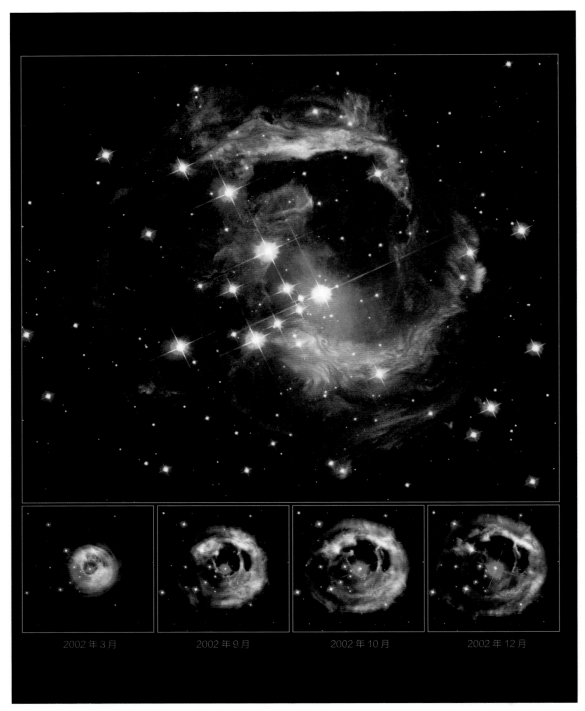

2002 年 3 月　　2002 年 9 月　　2002 年 10 月　　2002 年 12 月

麒麟座 V838 的爆发

图片来源：NASA, ESA, The Hubble Heritage Team （哈勃遗产项目组）(STScI/AURA)

哈勃画廊

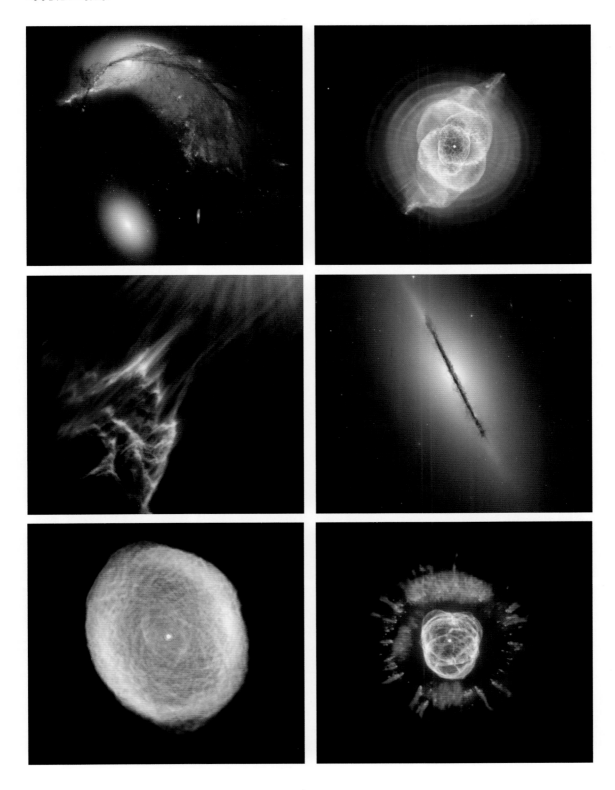

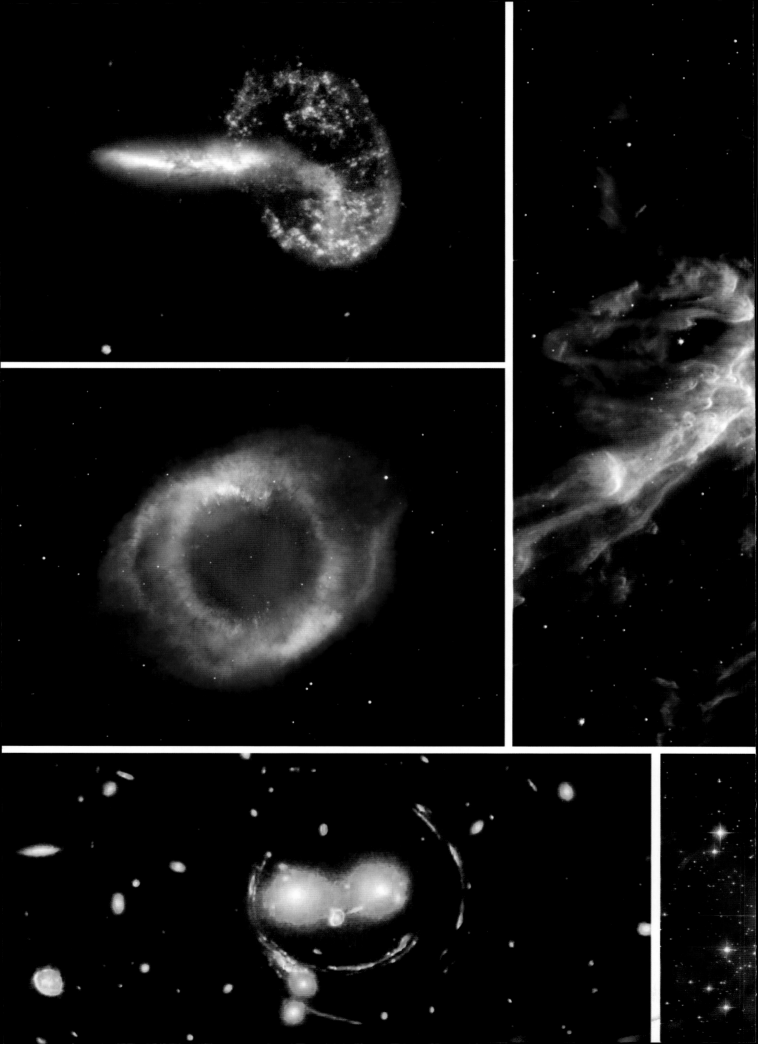

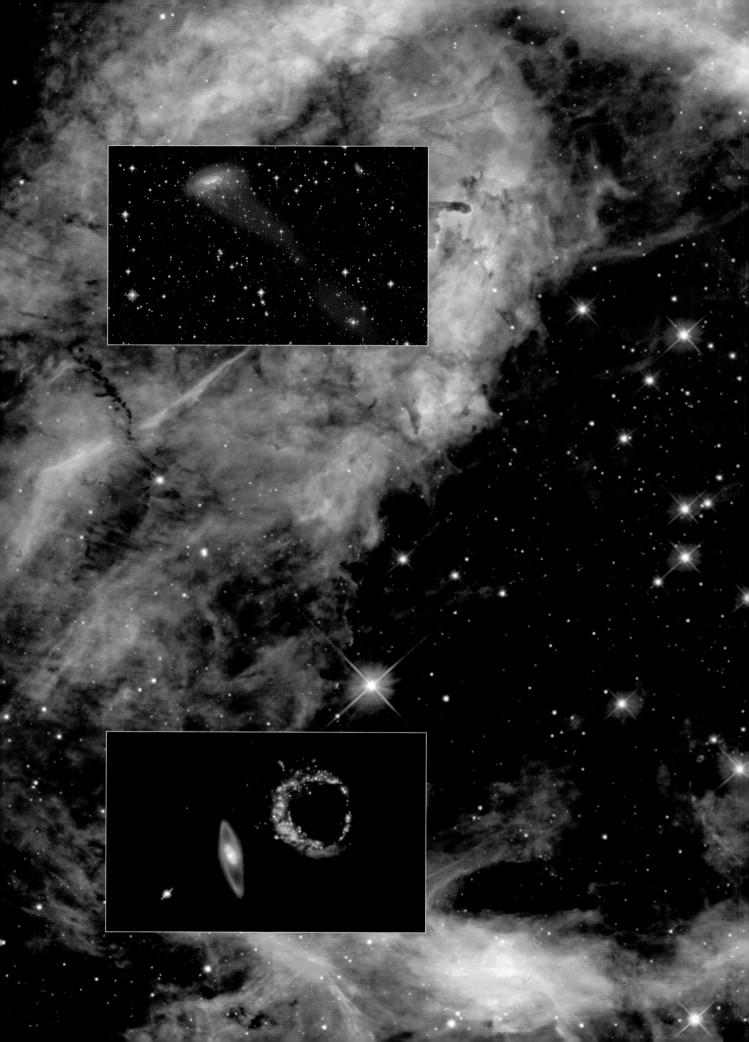

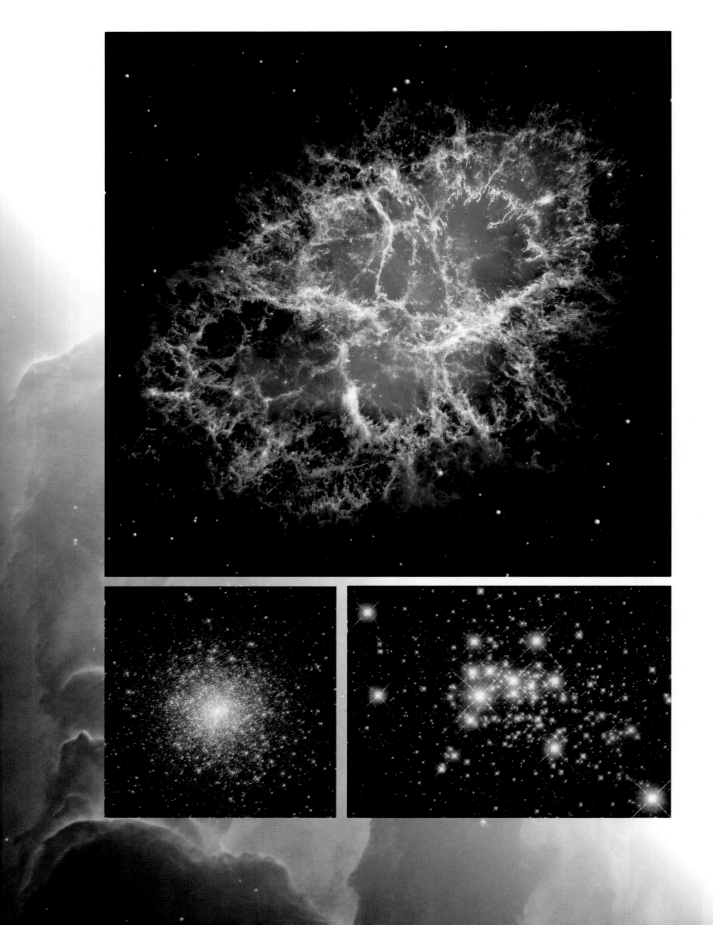

CHAPTER 4

第四章

搜索与绘图小能手

发完邮件，西多倒头就睡。他睡得可真香啊，一觉醒来已是天大亮，依稀记得在梦里还迷迷糊糊地看到了好多漂亮的星空照片呢，真是日有所思夜有所梦啊。赖在床上的西多打开手机醒醒盹，顺便看看新闻。某新闻 APP 一上来弹出的新闻里，天文航天类占了多数，西多不禁感叹现在这数据挖掘技术真是发达，昨晚搜索了什么，马上就会有相关的推送过来。其中，有一条新闻让西多的睡意全无："号外，天文学家找到地球兄弟！"

"开普勒？系外行星？"西多一骨碌爬起来，这都是什么呀？赶紧给邹老师发了个邮件讨教一下。还没等西多吃完早饭，邹老师的邮件回来了：

西多同学，你好！

"哈勃"的资料整理得不错。下一项任务是与"哈勃"同类的其他空间光学望远镜学习，包括你感兴趣的开普勒空间望远镜。

邹

2015 年开普勒空间望远镜发现首个围绕着与
太阳同类型恒星旋转位于宜居带的系外行星，
被称为地球 2.0 图片来源：NASA

行星猎手"开普勒"

宇宙中，地球是孤独的吗？还存在着另一个与地球类似的星球吗？长期以来，人类一直在试图通过各种办法寻找太阳系外类似地球的行星。这里有一个技术困难，在其他类似于太阳系的星系中，恒星和行星的距离较近，恒星发出的强烈光芒会掩盖住行星，地球上的天文望远镜很难直接观测到。

2009 年 3 月，美国发射了首个专门用于寻找太阳系外类地行星的空间望远镜——开普勒空间望远镜（Kepler Mission），携带空间望远镜中最大的光度计，开始了搜寻系外行星的光荣使命。

开普勒空间望远镜主体呈圆筒状，直径 2.7 米，长 4.7 米，质量约 1 000 千克，设计寿命为 3.5 年。望远镜主要探测目标集中在天鹅座与天琴座之间的一小块天区，通过检测那里的 10 万多颗像太阳一样的恒星亮度的变化，研究行星穿越其恒星面前时产生的"凌、越、掩、食"现象，有望寻找到围绕这些恒星周围的类地行星，即采用的是所谓的"凌星"观测法。

开普勒空间望远镜远眺深空为地球寻亲，发现不少地球的"大表哥、小表弟"，甚至还帮太阳系找到了兄弟！远在 2 545 光年外的开普勒-90，是一颗与太阳相似的恒星。在这颗恒星周围，开普勒一共发现了 8 颗行星！ 2018 年年底，开普勒空间望远镜在耗尽燃料后宣布正式退役。自 2009 年 3 月发射，开普勒空间望远镜服役近 10 年，大大超预期，观测收获颇丰，江湖人称系外行星猎手：发现了 2 662 颗（还将不断增加）系外行星；记录了 61 颗超新星；观测了 530 506 颗恒星；收集了 678GB 的科学数据；执行了 732

2011 年开普勒空间望远镜发现第一颗岩质系外行星开普勒 –10b，其质量为 4.6 个地球　图片来源：张睿

128 次指令；飞行了 940 万英里[①]。

　　开普勒空间望远镜虽然寿终正寝，还好它"后继有人"，并且实现了完美交接。2018 年 4 月，开普勒望远镜的继任者：凌日系外行星巡天卫星（Transiting Exoplanet Survey Satellite，TESS）成功进入太空，将弥补开普勒空间望远镜发现上的不足，专注于发现邻近太阳的恒星附近的行星，从而为科学家进一步深入研究这些行星的大气组成等提供众多便利条件。

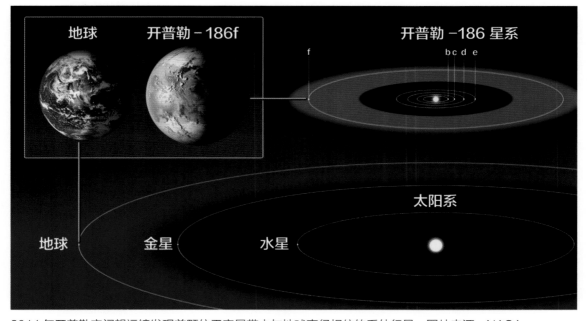

2014 年开普勒空间望远镜发现首颗位于宜居带内与地球直径相仿的系外行星　图片来源：NASA

---

① 1 英里 =1.60 934 千米。

"盖亚"，绘制银河系最详尽的三维图

2013 年 12 月 19 日，欧洲空间局（ESA）研制的盖亚天文卫星（Gaia Astrometry Satellite）发射。"盖亚"号重 2 吨，设计寿命 5 年。它担负着具有开拓性的天文学任务，旨在通过对银河系 10 亿颗恒星进行持续观测，按照时间顺序形成每颗恒星的亮度和位置记录。通过研究其运行可以使天文学家绘制银河系最大、最精确的三维图像。结合精确的天文测量，"盖亚"可以发现围绕在其他恒星周围的行星、太阳系中的小行星、外太阳系中的冰质天体、褐矮星，以及遥远的超新星和类星体。盖亚天文卫星的观测效率将比同样是由欧洲发射的前任依巴谷天文卫星高出数百万倍。

盖亚天文卫星想象图　图片来源：NASA

　　"盖亚"果然不负众望，2016 年 9 月，ESA 公布了一幅借由"盖亚"测绘完成的银河系三维图，成为迄今人类绘制的最精确的银河系地图，还公布了首批 200 万颗恒星的三维位置和二维运动信息。"盖亚"的数据从根本上改变了人们对银河系演化的认知。天文学家通过数据，还发现一群明亮恒星昭示着银河系历史上的一段"动荡岁月"：年轻的银河系曾与一个巨大的伴星系发生过碰撞。这个巨大的伴星系曾围绕着银河系运动，约 80 亿年到 110 亿年前，它们发生大碰撞，导致银盘发生巨变且恒星四散。这是迄今已知的在银河系形成大旋臂结构前，发生的最后一次大碰撞。天文学家认为，该碰撞是银河系历史上的一次里程碑事件。

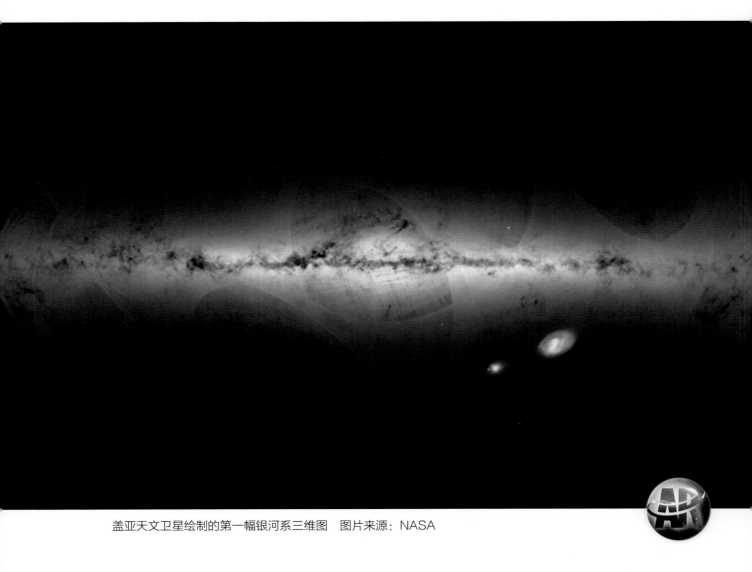

盖亚天文卫星绘制的第一幅银河系三维图　图片来源：NASA

CHAPTER 5

第五章

星尘画师
——空间红外望远镜

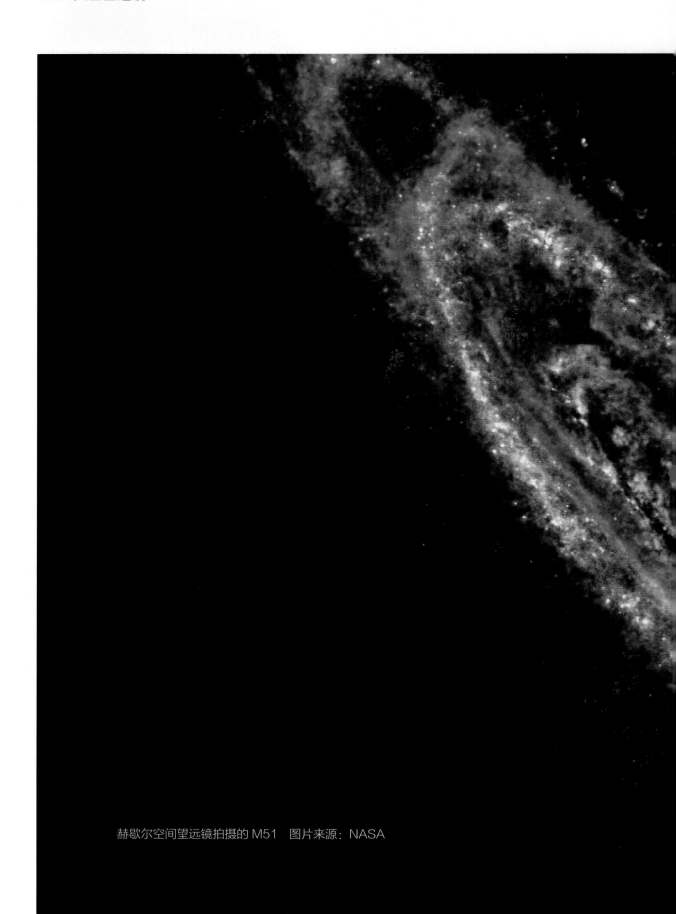

赫歇尔空间望远镜拍摄的 M51　图片来源：NASA

　　连续两天埋头在望远镜的世界里，西多有点头晕脑涨，整理好资料发完邮件已经是深夜。西多揉揉眼睛，不禁从窗户向外望了望。嘿，今天天气真好，按星空摄影师的说法，北京城中是看不见几颗星的，但是现在窗外居然有好几颗在那里哆哆嗦嗦，这应该就是所谓的大气视宁度效应吧。估计这种好天气，摄影师是不会错过的，而专业的天文台也肯定铆足了劲儿干活儿。即便是如此好的天气，银河也完全看不见，光污染太厉害了。西多此时真想看看银河，那本破了皮儿、掉了渣儿、散了页儿的《天文学教程》里面说了，银河是由上千亿颗恒星组成的星系，我们看到的银河实际是银盘部分和银心部分，银河系中除了恒星之外还有大量星际物质，比如星云之类的，据说超级好看呢。像哈勃这样的空间望远镜就拍过很多星云照片……西多打个哈欠，倒头便睡去了。

第二天一早，西多收到了邹老师的回信：

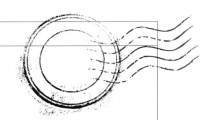

西多同学：

　　来信收到，请看下一篇文章。

邹

简单至极！西多差点蹦起来。一边心疼着自己摘写的哈勃空间望远镜的文字，一边又对邹老师发来的新文件感到好奇。打开一看，差点晕倒——"空间红外望远镜"。

空间红外望远镜是什么啊？说实话，这个词对于小学刚毕业的西多来说有点难了，不过办法是有的，直接到网上搜索一下是最方便的。

网页上首先出来的是一张油画，上面一个卷发飘飘的男子正在凝神贯注。这个男子西多认识，他就是牛顿，而画面中所讲的他也知道，就是牛顿的三棱镜。三棱镜是个好东西，可以通过它看出光有哪些颜色，比如太阳光——由赤、橙、黄、绿、青、蓝、紫等颜色组成（这就是光谱），而在光谱中的红光、紫光外侧的区域，还有不可见光存在，分别叫红外线、紫外线。就拿红外线来说，它的发现就很有意思。

在1800年，有个英国天文学家叫威廉·赫歇尔，他拿着一个温度计来测量经过分光后的太阳光，结果发现在光谱红端外侧，那个看起来什么都没有的区域中，温度计的温度也会上升，甚至比有红色光的地方温度更高，这就表明那里或许存在一种看不见的"光"——红外线。既然太阳光线中有红外线，那么宇宙中的各种天体发射的光中是否也有红外线呢？在20世纪，天文学家们就开始了宇宙中红外线的探索，这门科学，叫作红外天文学。

看完了网络上的资料，西多有了点信心，打开了邹老师的邮件：

想要观测天体发出的红外线，对于地球上的人们来说着实有些困难，因为地球大气层中有很多的水蒸气、二氧化碳、氧气、臭氧等，它们会吸收不同的红外线，所以遥远天体的红外线穿过地球大气层之后，抵达地面的寥寥无几。不过好在，地球大气还留了几个红外的窗口，这几个窗口的红外线并没有受到太多影响，顺利抵达了地面，为了方便工作，天文学家给这几个窗口分别编号：

第一个窗口叫 J，对应波长为 1.2 微米的红外线；

第二个窗口叫 H，对应波长为 1.6 微米的红外线；

第三个窗口叫 K，对应波长为 2.2 微米的红外线……

天文学上，红外线的范围在 1.0~1 000 微米，其中 1 ～ 5 微米属于近红外线，5 ～ 25 微米属于中红外线，25 ～ 1 000 微米属于远红外线，其实在快到 1 000 微米的时候就叫作亚毫米波。过了 1 000 微米，也就是一个毫米后，进入毫米波范围。

虽然地球大气留下了红外线窗口，但这远远满足不了天文学家的需求，飞出地球大气层进行红外天文观测是最佳的选择。

赫歇尔发现红外线想象图　图片来源：张睿

红外升空，穿透星际尘埃

1983 年发射的红外线天文卫星（Infrared Astronomical Satellite，IRAS），是世界上第一颗专门用于红外线观测的空间天文卫星。卫星在太空中运行了 10 个月，因制冷剂耗尽而寿终正寝。在其短短的寿命周期中，一共进行了 4 次巡天观测，获得了远远超过地面红外望远镜观测的天文成果，探测到 35 万颗天体源，在太阳系内发现了 6 颗彗星，第一次揭示了银河系核的特征。1989 年，美国国家航空航天局发射了宇宙背景探测器（Cosmic Background Explorer，COBE），用于探究宇宙背景辐射的红外线和微波特征，正是它的功劳，让"宇宙大爆炸理论"得到了进一步证实。1995 年，欧洲空间局发射了红外线空间天文台（Infrared Space Observatory，ISO），这个家伙有着更高的灵敏度和分辨率，为科学家们提供了从太阳系、行星、彗星到宇宙背景、星系、暗物质等方面的丰富数据及新发现，使人们对宇宙的认识提高到一个新的水平。

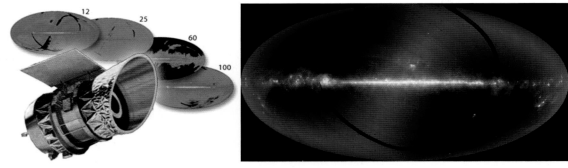

红外线天文卫星示意图（左），巡天成果（右）图片来源：NASA

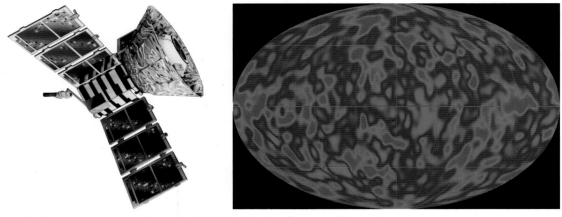

宇宙背景探测器 COBE（左），宇宙微波背景辐射（右）　图片来源：NASA

　　此外值得一提的是日本的红外空间望远镜：光亮号（Akari），它是由日本宇宙航空研究开发机构（JAXA）和欧洲、韩国部分机构合作开发的，于 2006 年 2 月在日本鹿儿岛县发射到太阳同步轨道。Akari 的设计工作开始于 1996 年，其最初名字是 ASTRO–F；而由于它主要用于红外线的巡天观测，又被称为 IRIS（Infrared Imaging Surveyor，红外成像巡天设备）。发射后，它被正式命名为 Akari，日文中是"光"的意思。Akari 的最重要成果是完成了全天 94％ 天区的中远红外巡天观测，第一次对大、小麦哲伦星系的超新星遗迹进行红外观测等。

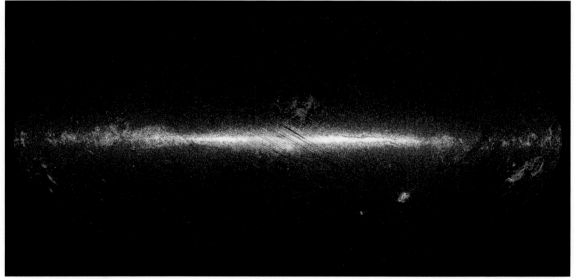

光亮号红外空间望远镜 Akari（上），巡天成果（下）
图片来源：日本宇宙航空研究开发机构（JAXA）／欧洲南方天文台（ESO）

"斯皮策"，窥探早期宇宙

　　21 世纪以来，红外空间天文进入了高速发展的时期。2003 年 8 月，美国发射了斯皮策空间望远镜（Spitzer Space Telescope，SST），它长约 4.45 米，质量为 950 千克，主镜口径 85 厘米，红外探测灵敏度极高。斯皮策空间望远镜是第一台与地球同步运行的太空望远镜，它的轨道设计非常独特，躲在地球后面，与地球一起绕着太阳旋转，目的就是为了避免被太阳直接照射到望远镜，这就等于给红外线望远镜提供了一个天然的冷却区域。

斯皮策空间望远镜想象图
图片来源: NASA/喷气推进实验室 – 加州福尼亚理工学院(JPL –Caltech)

　　发射升空后，斯皮策空间望远镜拍摄的第一张照片是象鼻星云 IC 1396。这是一个著名的星云，在光学波段中，它呈现出的是红色轮廓下的黑色长条状暗星云，形似大象的鼻子，并由此得名。而在斯皮策空间望远镜中，情况正好反了过来，这个"象鼻"化身为一条在宇宙中游弋的鱼，尘埃纹理纤毫毕现。作为一个星尘画师，"斯皮策"在当时拥有和哈勃空间望远镜同等的地位。2006 年的"双螺旋星云"是斯皮策空间望远镜的另一幅成名之作，这个星云位于蛇夫座，形似核酸 DNA 的双螺旋结构。2007 年，"斯皮策"拍摄的"上帝之眼"让人们十分震撼。"上帝之眼"其实就是宝瓶座的螺旋星云 NGC 7293，这个行星状星云看起来很大而且很明亮，可能在 19 世纪早期就被人们发现了，但是人们从未了解过星云尘埃里面的故事。在"斯皮策"拍摄的图像中，星云中繁密的彗状云球形成了如同人眼瞳孔的效果，因而被昵称为"上帝之眼"。

　　斯皮策望空间远镜跟哈勃空间望远镜有着不解之缘，它的命名是为了纪念天体物理学

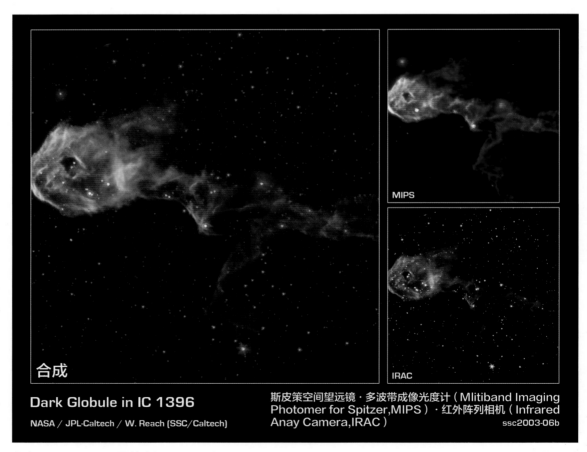

Dark Globule in IC 1396

NASA / JPL-Caltech / W. Reach (SSC/Caltech)

斯皮策空间望远镜·多波带成像光度计（Mlitiband Imaging Photomer for Spitzer,MIPS）·红外阵列相机（Infrared Anay Camera,IRAC）

ssc2003-06b

象鼻星云 IC1396　图片来源：NASA/JPL-Caltech/W. Reach (SSC/Caltech)

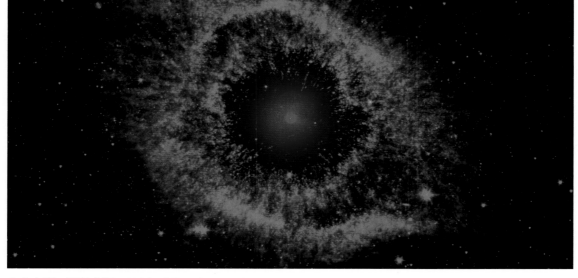

上帝之眼　图片来源：NASA/JPL-Caltech/Univ. of Ariz

家——莱曼·斯皮策。他在 20 世纪 60 年代首先提出把望远镜放入太空以消除地球大气层遮蔽效应的建议，这个想法直接造就了哈勃空间望远镜的诞生。不仅如此，"斯皮策"和"哈勃"两个望远镜还进行了通力协作，发现了一些已知最遥远的星系。哈勃空间望远镜曾经拍摄到 130 亿光年之遥的宇宙深空，那里密密麻麻分布着很多星系。"哈勃"的观测集中在可见光和紫外线波段，"斯皮策"集中在红外线波段，两者结合之后，天文学家得到了更加完美的观测成果，可以窥探到宇宙遥远过去的真实面貌，揭示出早期宇宙图景。

当然，"斯皮策"的能力绝不仅仅是拍出壮观的照片，它也有不少独特的发现。斯皮策空间望远镜还有一个重要任务，是寻找太阳系之外的行星。这是天文学家多年以来的一个努力方向。因为在通常情况下，行星的光芒会被恒星淹没，所以在可见光波段很难发现它们。而在红外线波段，行星与恒星的光谱特征具有明显的区别，所以在红外线波段就比较容易被发现。第一颗由望远镜直接成像而被人们看到的太阳系外行星，就是"斯皮策"发现的。

对于星际尘埃的研究，斯皮策空间望远镜有自己独到的地方。2009 年，基于斯皮策空间望远镜对一颗爆发恒星 EX Lupi 的观测，天文学家发现了镁橄榄石的踪迹。在这颗恒星没有爆发时，并没有镁橄榄石特征线，而在爆发时这个线就出来了，这说明恒星周围的硅酸盐正在结晶。

庞大的家伙，"赫歇尔"

在距离地球 150 万千米的日－地第二拉格朗日点上，曾经有一台迄今体积最大的红外太空望远镜，默默地观测了将近 1 500 个日日夜夜，成果辉煌，刷新了天文学家对宇宙的很多认识。没错，这就是著名的赫歇尔红外空间望远镜（Herschel infrared space telescope，HSO），以发现红外线辐射的天文学家威廉·赫歇尔命名。

赫歇尔红外空间望远镜是个大家伙，有 7.5 米高，4 米宽，主体是一面直径 3.5 米的反射式望远镜，这个主镜是哈勃空间望远镜主镜的 1.5 倍，可让天文学家们轻松地从多波段、多角度探索宇宙奥秘。

2009 年，赫歇尔红外空间望远镜发射升空后，在飞往目的地途中，就开始了它的任务，首秀目标是对旋涡星系 M51 的观测，传回的数据让大家倍感振奋：在图像上，可以清晰地看到星系中每一条旋臂，以及来自星系周围尘埃云和气体投射出的光线，还有众多恒星分布的位置等红外线探测成果。由此，赫歇尔红外空间望远镜带领人类揭开了一个个宇宙中的神秘面纱。赫歇尔的研究领域包括宇宙早期的星系形成和星系演化，恒星形成及其与星际介质的交互作用，行星、卫星和彗星等太阳系内天体的表面和大气层化学成分，甚至整体宇宙的分子化学成分。

在对"隐秘的宇宙"进行了近 4 年的观测后，赫歇尔红外空间望远镜终于耗尽了液氦冷却剂，从而宣告正式退役。赫歇尔红外空间望远镜开展了迄今最灵敏、最详尽的红外宇宙观测，使科学家对宇宙中暗藏的未知有了新的认识，看到了以往从未见到的恒星诞生和星系形成过程，并使科学家能跟踪从分子云到新生恒星及其行星形成盘和彗星带中的水，有机会洞察其他望远镜无法观测的宇宙中的暗冷区域。

值得一提的是，我们如今也可以玩一玩斯皮策空间望远镜和赫歇尔红外空间望远镜的数据呢，现在有一个公众科学项目是寻找宇宙中的泡泡（宇宙大爆发后，宇宙就在不断膨胀，膨胀中会导致太空中产生泡泡），就是让公众在望远镜数据中去进行发现……

看完邹老师发来的资料，西多别的没记住啥，打开电脑就进入了那个红外望远镜的公众科学网站，寻找宇宙中的泡泡。要说斯皮策空间望远镜拍出的红外线天体照片着实

赫歇尔红外空间望远镜想象图　图片来源：NASA

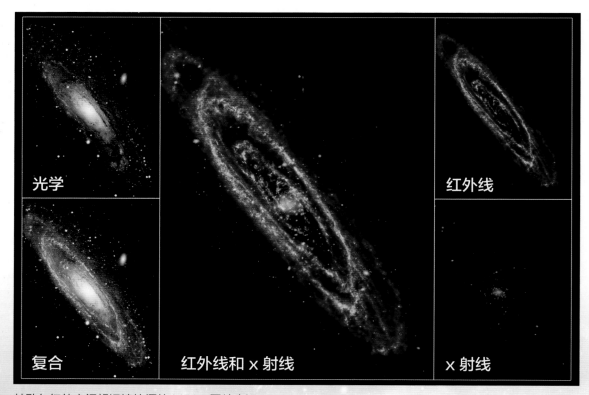

光学

复合

红外线和 x 射线

红外线

x 射线

赫歇尔红外空间望远镜拍摄的 M51　图片来源：NASA

迷人，西多开始没完没了地刷图。根据项目要求，他需要辨认出泡泡（一般是绿边红心的）、激波（红色弯弯的）、黄泡泡（顾名思义，就是黄色的泡泡嘛），还有就是他要一直留意是不是会有奇怪的天体出现。为了记录下自己都找出了哪些天体，西多把刷出的图认认真真做了保存和编号，看着文件夹中的一张张美图，西多心里变得充实异常，仿佛刚刚吃了一顿烤鸭或者涮羊肉之类的美餐。

红外宇宙画廊

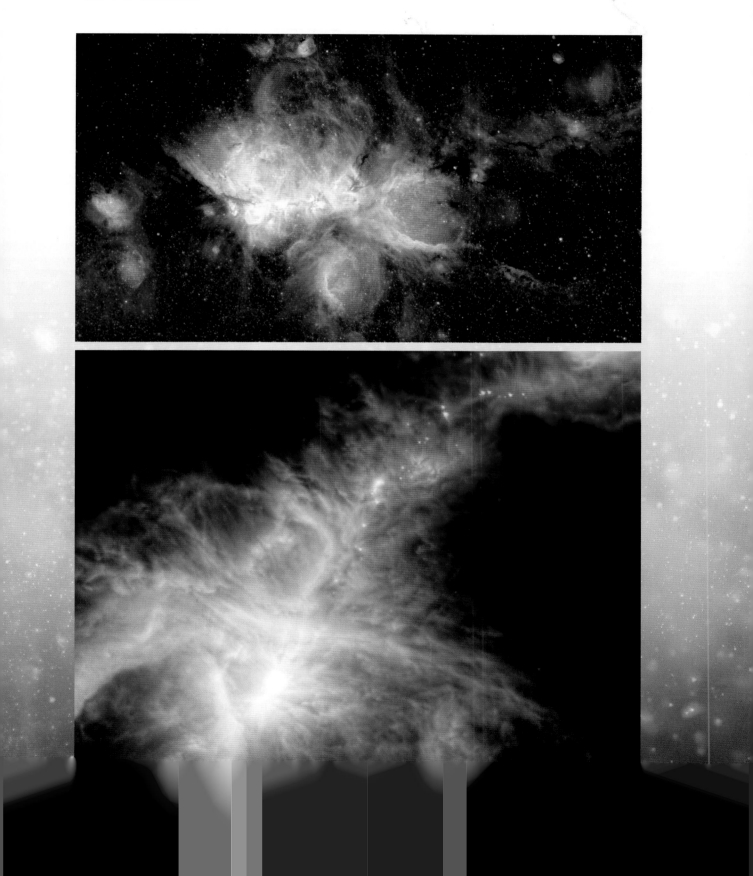

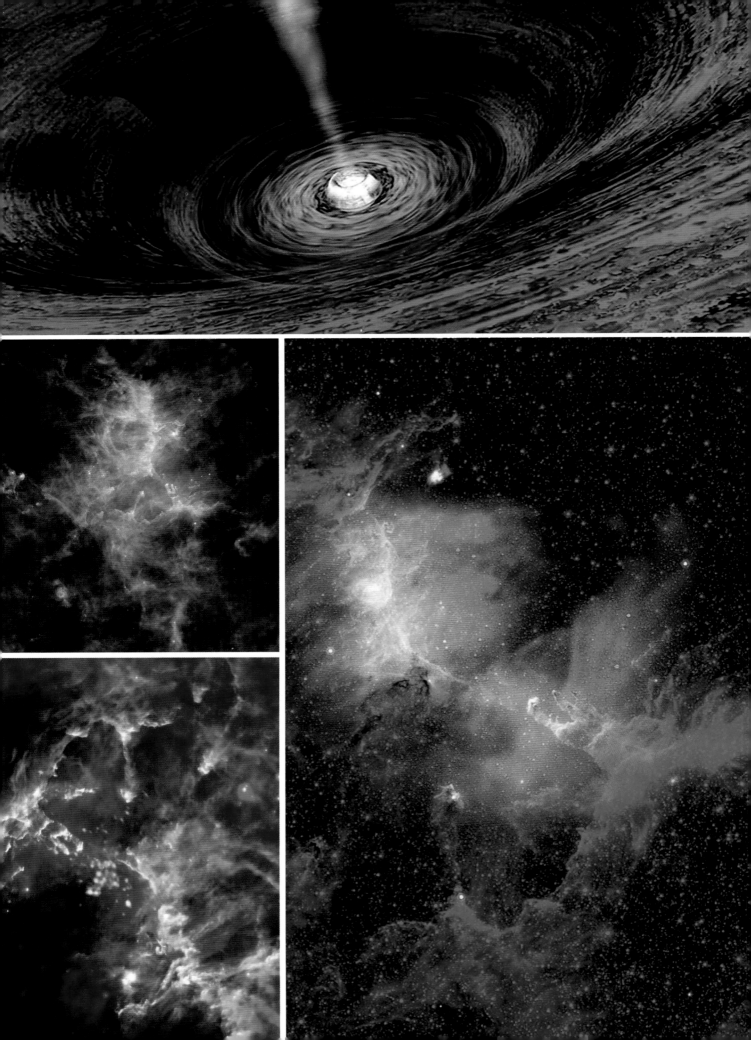

CHAPTER 6

第六章

紫色幻想曲
——空间高能望远镜

玩了两天寻找宇宙泡泡的游戏之后，西多想起了给邹老师回信。

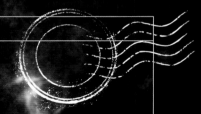

亲爱的邹老师（居然换称呼了！）：

　　用斯皮策空间望远镜的照片找各种天体实在太好玩了，今天我找到两个红色的弓形激波呢！还有好多黄泡泡和红绿泡泡。我计划也分享给同学玩玩，您这里还有没有别的空间望远镜可以玩玩？

西多

为了分享自己的喜悦，西多还把自己喜欢的一些照片贴了上去，特别是那个红色的弓形激波和黄色泡泡。邮件发出后，西多开始了焦急的等待。

没有让西多失望，半天之后，邹老师回邮件了。

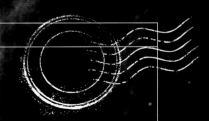

西多：

　　恭喜你，你已经了解了一些关于空间望远镜的知识，并且乐在其中，现在我们正式通知你，欢迎加入空间望远镜 AR 体验者队伍中来，下周二上午九点，请到天文台 705 室找我。新的资料在附件中，请继续学习，别忘了摘录笔记。

邹

西多没有盼来更多好玩的东西，但似乎他得到了一个更好玩的机会，到天文台参加一个项目，而且还是作为体验者被邀请了。

西多按捺下激动的心情，又打开了邹老师的资料。

资料题目是："空间高能望远镜"。

行啊！西多想，邹老师心理还挺年轻的，还知道用"高能"这种词。莫非真是"前方高能"？再往下看，西多明白了。此"高能"非彼"高能"，真有一类望远镜叫作高能望远镜。接下来的词汇，让西多有些云里雾里，资料里充满了紫外线、X 射线、γ 射线等词语。为了把这个啃下来，西多又一次打开网页开始查资料。

有了之前的基础，紫外线并不是个完全陌生的概念了。自从 18 世纪赫歇尔发现红外线之后，人们便将目光注视在太阳光彩虹的另一端，紫色端，并且也做了同样的尝试，也就是将温度计放在紫色部分以外。但是结果让人失望，温度并没有像红外区那样升高。不过人们还是在那个紫外区做着各种实验。幸运者是德国的物理学家约翰·里特尔。1801 年，他把蘸有氯化银的纸片放在紫色的部分，不一会儿，纸片居然变黑了，这是因为其中的氯化银接受到紫光的能量，变成了银粉和氯气。黑色的部分就是银粉。然后，里特尔又把纸片移到紫色区之外，却发现纸片变黑的速率更快，这说明有一种看不见的光在起作用，能量比紫光还要厉害。于是乎，他就这样发现了紫外线。故事并没有结束，在几乎一百年之后，也就是 1895 年，比紫外线波长更短的射线又被德国物理学家伦琴发现，但他当时并不知道这是什么射线，于是乎称之为 X 射线。X，就是未知的意思嘛。不过，他已经发现这种射线具有极强的穿透力，他用 X 射线给他夫人拍了一张手的照片，拍出来的竟然是白骨，你说吓人不吓人！

探索的脚步不能停歇，比 X 射线波长更短的射线依然存在。1900 年，也就是 X 射线被发现的 5 年之后，法国科学家保罗·维拉尔发现了一种比 X 射线穿透能力更强的射线，甚至能穿过铅箔，因为这种光是是继 α 射线、β 射线后发现的第三种原子核射线，所以被称为 γ 射线。

从波长上看，紫外线比紫光更短，X 射线比紫外线更短，γ 射线比 X 射线更短。而从能量角度看，紫外线比紫光更高能，X 射线比紫外线更高能，γ 射线比 X 射线更高能。在一堆绕口令般的概念之后，西多的信心又足了，开始啃起"高能空间望远镜"。

为什么要到太空中去观测来自宇宙的紫外线、X 射线、γ 射线？

地球的大气层对于紫外线来说，其实并不友好，虽然紫外线可以穿过大气抵达地面，但会被削减许多，特别是臭氧层，简直就是保卫地球的一层屏障。要知道高能光对生命来说可是致命的，因此像 X 射线、γ 射线的天文观测，在宇宙空间中是有独特优势的。

奇怪的空间 X 射线望远镜

人们印象中的望远镜应该由一些玻璃镜片组成，就像我们生活中经常使用的相机镜头那样。但是 X 射线望远镜的结构有些特殊，它犹如拿破仑千层蛋糕，或者说更像蛋糕卷。设计成这样，是因为普通的玻璃镜头对于 X 射线来说起不到汇聚成像作用，X 射线直接穿过镜头，不能折射成像，也不能反射成像。不过 X 射线有一种特殊的成像方式，叫作"掠射成像"，简单说就是 X 光在镜片上可以"打水漂"，然后角度发生偏折。这样一来，经过多次偏折之后，X 射线就可以达到汇聚成像的目的。不过为了成像素质更优秀，通常采用多组不同形状的多层套筒，最终达到将 X 射线清晰成像的目的。

1970 年 12 月 12 日，一个叫"呜呼鲁"的卫星在美国发射升空，这个奇怪的名字来自斯瓦希里语，意思是"自由"，因发射当天正值肯尼亚独立 7 周年纪念日。呜呼鲁卫星获得了前所未有的成功，虽然它不能清晰成像，但取得了一系列成果，其中就包括发现了第一个黑洞候选体天鹅座 X–1，这是个强烈的 X 射线天体。天鹅座 X–1 直至今日依然是天文学家研究的热点。

有了"呜呼鲁"的成功，1978 年 11 月 13 日，著名的爱因斯坦卫星发射成功。与之前的"呜呼鲁"不同，它配备了口径 0.6 米掠射式 X 射线望远镜。因为爱因斯坦卫星可以进行成像，所以成果更让人激动，比如首次获得了超新星遗迹的激波图像、星系团中高温气体的图像等，还有很多关于"类星体"，一类看似恒星，但光芒相当于上千亿颗恒星亮度总和的神奇天体——现在的研究认为，这类天体中心存在着超大质量黑洞。

时间到了 20 世纪 80 年代，一台新的高能空间天文望远镜"伦琴"（Röntgen Satellite，ROSAT），原计划由美国的航天飞机带上太空。然而在 1986 年，"挑战者"号航天飞机在升空 73 秒后爆炸，这使得伦琴空间望远镜的发射拖了下来，直至 20 世纪 90 年代初才由火箭发射升空。实际上，"伦琴"带了两个天文望远镜上天，一个是极紫外望远镜，一个是软 X 射线望远镜。经过几年的工作，在 1996 年，伦琴卫星巡天的 X 射线源表发布，记载了超过 18 000 个 X 射线源。

虽然都是 X 射线空间望远镜，但实际上探测光的种类还是有所区别的，比如在 X 射线波段，能量低一些的叫作软 X 射线，能量高一些的叫作硬 X 射线。爱因斯坦卫星的探

伦琴空间天文望远镜

测属于软硬兼吃，而伦琴更偏重于软 X 射线。

　　相比于伦琴卫星同时携带两个望远镜上天，1999 年发射的 XMM 牛顿卫星（X-ray Multi-Mirror Mission，XMM-Newton）更加夸张，背负了 3 台 X 射线望远镜升入太空。其中 XMM 就是 X 射线多镜面的缩写，3 台望远镜都采用了最新的设计，而且最大的一个望远镜口径达到了 0.7 米，焦距达到了 7.5 米，这台望远镜的分辨率和图像质量比之前的卫星高出了很多。

XMM 牛顿卫星　图片来源：NASA

钱德拉 X 射线天文台

空间 X 射线望远镜中现在的当红明星，还要数著名的钱德拉 X 射线天文台（Chandra X-ray Observatory）。取名钱德拉，是为纪念印度天文学家钱德拉·塞卡。钱德拉·塞卡在印度语中，意思是月之冠冕，卫星命名时只取了前一半，也就是月亮之意。

其实在原计划中，钱德拉 X 射线天文台要携带 12 台 X 射线望远镜上天，但因为预算有限，最终方案只带了 4 台望远镜。不过这已经大大超过了之前所有高能空间望远镜的规模。这 4 台望远镜的口径都有 1.2 米，焦距都达到了 10 米，也就是说无论在收集光线能力上，还是在成像质量上都会有一个质的飞跃。因为钱德拉 X 射线天文台分别配备了高能和低能的 X 射线光谱仪，它里程碑般地开启了 X 射线光谱的高分辨观测。

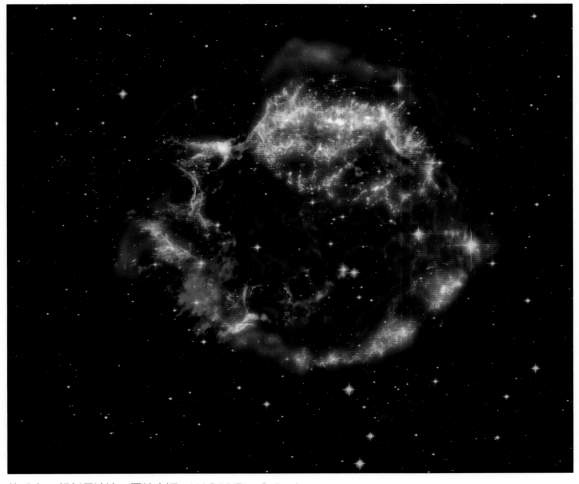

仙后座 A 超新星遗迹　图片来源：NASA/JPL-Caltech

钱德拉 X 射线天文台　图片来源：NASA/CXC

升空后，钱德拉 X 射线天文台拍摄的第一张照片是仙后座 A 超新星遗迹。这个超新星或许在几百年前就已经爆发，但气体遗迹在 1947 年才被发现。后来，将这张照片与斯皮策空间望远镜、哈勃空间望远镜的照片进行假彩色合成（主要是为了能让人用肉眼观察的方式，来解释一幅图像或者序列图像中的灰度目标），做出了一张覆盖了红外到紫外的假彩色天体图，其效果绚烂而梦幻。接着，钱德拉 X 射线天文台又指向了蟹状星云——这可能是最著名的超新星遗迹之一了。人们从钱德拉望远镜拍摄的照片中，居然清晰地看到了中心星的喷流和周围的环状结构——这在之前从未被看见过。在钱德拉 X 射线天文台的成果中，最著名的还是"上帝之手"。这是一个位于南天星空圆规座中的脉冲星，早在 1982 年就被爱因斯坦卫星发现了，但在钱德拉 X 射线天文台的镜头中，脉冲星周围的气体如同一条胳膊和一个手掌。在星系团的观测方面，钱德拉 X 射线天文台也是功勋卓著。阿贝尔 2142 是一个巨大的星系团，位于北冕座的方向。这个星系团有着强烈的 X 射线辐射，揭示出它正在经历一个并合过程。另外一个著名的星系团"子弹星系团"，提供了暗物质存在的最好证据之一。值得一提的是，钱德拉 X 射线天文台的数据还被用于天文教育和公众科学，比如，很多高中生就使用钱德拉望远镜的数据发现了超新星遗迹 IC443 中那颗藏匿已久的脉冲星。

钱德拉 X 射线天文台至今还在工作，虽然在 2018 年，它因为陀螺仪故障而进入安全模式，但很快就得到解决，估计它还会和哈勃望远镜这些老伙计一起继续并肩战斗下去。

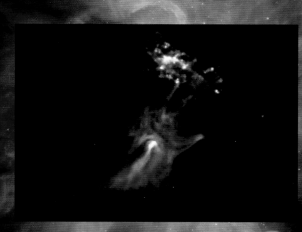

上帝之手　图片来源：NASA

范艾伦辐射带

据估计，钱德拉 X 射线天文台是距离地球最远的绕地卫星之一，高度达到了哈勃望远镜的 200 倍远，几乎是日月平均距离的三分之一，这是因为它要远远地躲避开地球的范艾伦辐射带。范艾伦辐射带就在地球附近，它形如轮胎，由大量带电粒子聚集而成，地球极光的产生就与这个带有关。范艾伦辐射带一般情况下分为内外两层，对于高能天文观测，无论是 X 射线还是 γ 射线观测来说，这都是一个巨大的干扰。

空间 γ 射线望远镜

比 X 射线波长更短的 γ 射线是目前所知道的能量最高的电磁波。因为波长极短，这种射线表现出的一些特性不像电磁波，倒是更像一个个粒子。在这里不妨说一下，低能的、长波的电磁波一般更多表现出波的性质，而高能的、短波的电磁波则多表现出粒子的性质，也就是电磁波的"波粒二象性"的体现。对于 γ 射线来说，这种高能电磁波一般不用波长描述它有多短，而是用能量来描述它的能量有多高。而这个能量单位也很特殊，叫作电子伏特，意思是给一个电子加上一伏特电压后，看看它运动的能量达到了多少。

γ 射线的能量有多少电子伏特呢？少说了有上万个电子伏特，多的话可以到一百万亿、几十吉个电子伏特。绝大多数来自太空的 γ 射线都会被地球大气层吸收，因此直到开发出 γ 射线接收仪器并以气球和太空探测器送到大气层以上之前，γ 射线天文学一直无法发展。20 世纪 90 年代，康普顿 γ 射线天文台（Compton Gamma-Ray Observatory，CGRO）发射升空。值得一提的是，康普顿 γ 射线天文台、钱德拉 X 射线天文台、哈勃空间望远镜、斯皮策空间望远镜并称为"大型轨道天文台计划"，是美国宇航局研制的 4 台大型空间望远镜，每个设备的产出成果都赫赫有名。

康普顿 γ 射线天文台于 1991 年 4 月 5 日发射升空，运行轨道高达 450 千米，当然是为了避开前文所说的范艾伦辐射带的影响。这个天文台上携带了这样几个设备：爆发和瞬变源试验设备（BATSE），由 8 台同样的装置组成，分别安装在卫星的 8 个角上。

康普顿 γ 射线天文台

图片来源：NASA/ 肯·卡梅伦（Ken Cameron）

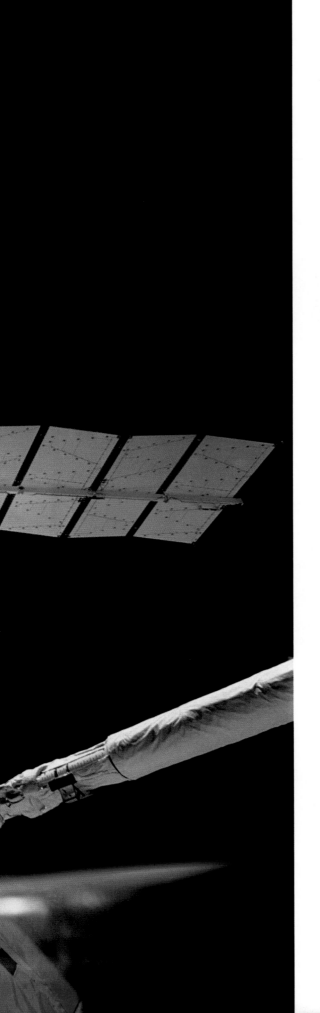

目的是探测持续时间很短的 γ 射线暴。定向闪烁光谱仪（OSSE）由 4 台探测器组成，分为两组，每一组都可以独立观测。康普顿成像望远镜（COMPTEL），其中目的之一是观测重元素铝的谱线；高能 γ 射线试验望远镜（EGRET）用于观测高能 γ 射线。基于这些仪器，康普顿 γ 射线天文台有了一些新的收获，比如发现了上千个 γ 射线线暴——这是一种短时间内突然增强的 γ 射线信号。数十年来，人们对其本质了解得还不很清楚。其中最著名的一个发生在 1999 年 1 月 23 日。当天，康普顿 γ 射线天文台发现了这个信号，持续时间长达一分半钟左右。录得爆发的第 25 秒为 γ 射线峰值，至第 40 秒出现另一个峰值。这场爆发的

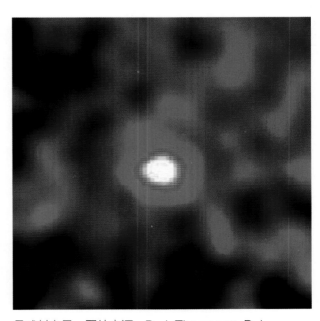

月球射电暴　图片来源：D. J. Thompson, D. L. Bertsch (NASA/GSFC), D. J. Morris (UNH), R. Mukherjee (NASA/GSFC/USRA)

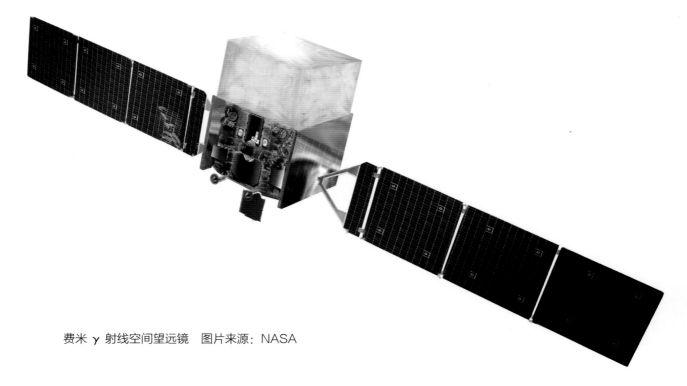

费米 γ 射线空间望远镜　图片来源：NASA

威力颇大，爆发后天文学家使用光学望远镜拍下当日 γ 射线暴的可见光余晖照片，其亮度一度达到 9 等，不少业余天文学家使用双筒望远镜都能观测到这个天体。

康普顿 γ 射线天文台工作了 9 年，它的继任者费米 γ 射线空间望远镜（Fermi Gamma-ray Space Telescope，FGST）在 2008 年发射升空。虽然在它之前，还有几个 γ 射线空间望远镜发射，但都是一些执行专门任务的设备，比如雨燕天文台就是专门去观测 γ 射线暴的设备，包括了 γ 射线波段的预警探测器，以及 X 射线和光学的余晖观测望远镜。与康普顿 γ 射线天文台不同，费米 γ 射线空间望远镜是一个低轨道的高能望远镜（"费米"的轨道高度约 500 千米，和"康普顿"差不多），它要做的事情与之前不同之处在于，它要进行 γ 射线波段的大视野成像观测——它搭载了一台大面积望远镜，而另外的设备则是在全天范围内继续监测 γ 射线暴。这个大面积望远镜取得了令人叹为观止的高能光波段的宇宙照片，其中最著名的一幅是银河的两个巨大的 γ 射线泡泡，后来被命名为"费米泡"，它从银河中心向四周伸展开，范围达到 25 000 光年。

费米 γ 射线空间望远镜的其他发现也振奋人心。第一个大的突破是发现了纯 γ 射线脉冲星，其中之一位于超新星遗迹 CTA 1 中，其辐射都落在了 γ 射线范围之内，在以往发现的各种脉冲星中，辐射一般是在射电波段、光学波段甚至 X 射线波段，而 γ 射线脉冲星这种天体是由费米 γ 射线空间望远镜首次发现的。此外，费米 γ 射线空间望远镜发现了几次著名的 γ 射线暴事件，2008 年发生的 GRB 080916C γ 射线暴事件是到目前为止最为猛烈的一次，爆发能量相当于 Ia 型超新星的 5 900 倍。2013 年发生的另一次 γ 射线暴事件 GRB 130427A，则刷新了时间上的记录，这次 γ 射线暴在高能端辐射长达数个小时，而整个时间持续了近一天。2017 年 8 月费米 γ 射线空间望远镜观测到一次 γ 射线暴事件，GRB 170817A，是人类第一次在电磁波段看到的和引力波成协（指两种现象是相关的）的天体。当天，这个源首先被引力波探测器 LIGO 发现，不到 2 秒之后费米望远镜独立探测到 γ 射线暴，并在十几秒之后发出了警报。随后，各个波段的观测都有了收获。通过定位，人们找到了这次引力波事件的源头：一次双中子星合并事件。这是人类第一次准确地看到了那个宇宙波澜的源头……

高能空间望远镜的资料看起来并不那么友善，西多看得晕晕乎乎，很快就累得睡着了。梦里面，一架奇奇怪怪的空间望远镜从他头顶飞过去，前面长着长长的胳膊，还冲西多招了招手。

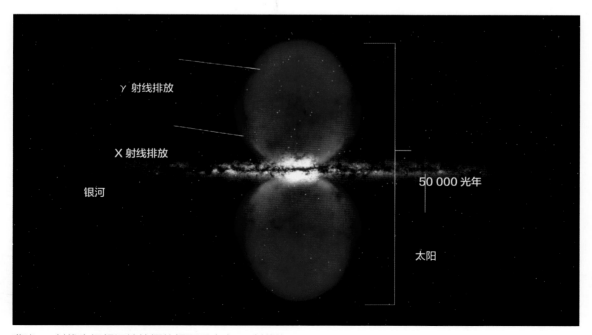

费米 γ 射线空间望远镜拍摄的银河系中心 γ 射线泡

图片来源：美国国家航空航天局戈达德航天中心（NASA's Goddard Space Flight Center）

高能宇宙画廊

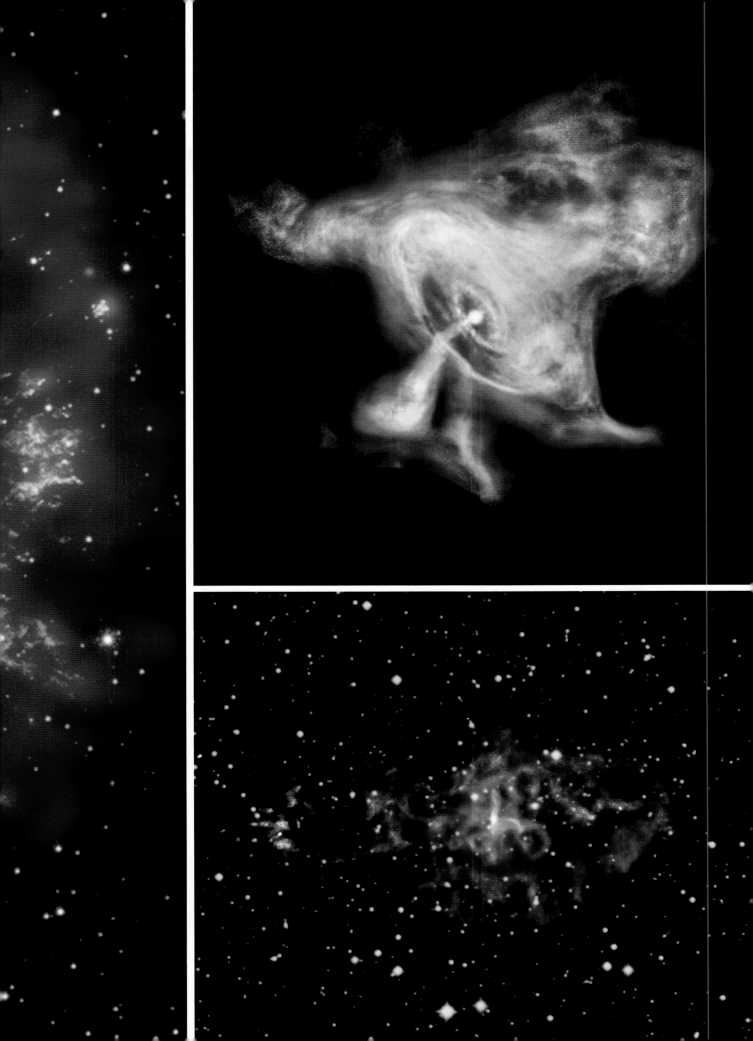

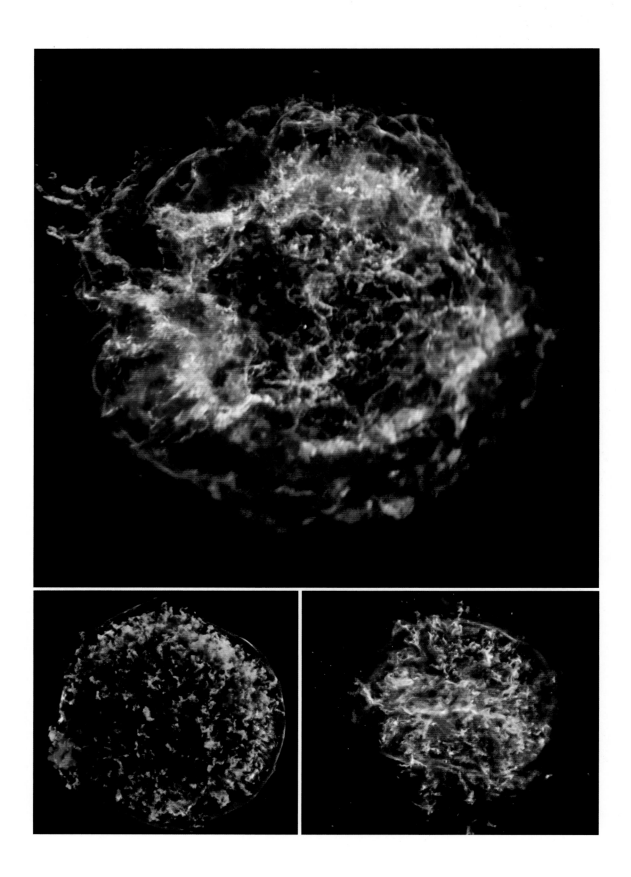

CHAPTER 7

第七章

地球的卫士们
——空间太阳望远镜

　　一周时间转眼就过去了，西多掰着手指头数，他的"好日子"不多了，再有5天他又要回到那种周而复始的培训班生活。不过，经过了这几天，西多的内心似乎强大了许多，他似乎发现了一个道理，自己喜欢的事情，学起来就不觉得累，虽然学习是艰苦的，但是能够乐在其中。比如上周邹老师给他那篇关于空间高能天文望远镜的文章，即便是那些让人头大的术语，他还是像啃羊蝎子那样啃了下来，而且呢，发现味道还不错！

　　周二，西多怀着一丝忐忑，摸到了天文台705房间——那个房间他3年前去过，虽说是天文台的办公室，但也没什么神奇，电脑、书桌、书，仅此而已，和一般职员的办公室没什么两样——或许更凌乱些吧。今天在 705 见到邹老师，西多发现了些许异样，邹老师眼睛里简直是亮光闪闪啊，感觉是有了天大的好事。而在办公室里，居然架设了一套看上去很酷的 AR 装置，估计这就是邹老师提到的 AR 体验。

"西多同学！"邹老师的眼睛依然闪着亮光，"欢迎你成为第一个空间望远镜 AR 体验员！来来来，"说着，邹老师把西多带到 AR 装置前，"这只是一个试验品，右手是控制手柄，这是头盔，可以开始了！"

西多戴上头盔，短暂的黑暗之后眼前稍稍亮起，他坠入了繁星之中。

扑面而来的是著名的创生之柱，那高耸的尘埃柱似乎触手可及。转过头来，一台巨大的卫星几乎和西多擦身而过——"哈勃"！两个巨大的太阳能帆板从脚下划过，镜筒无声地指向了宇宙深空。西多用手柄在宇宙中慢慢移动，一个更大的空间望远镜在不远处停住——赫歇尔红外空间望远镜，它 3.5 米的口径看起来比"哈勃"要大了不少，西多发现了屏幕中的一个提示，下意识点了下，眼前的星空突然变得花花绿绿，哈，这是红外波段的银河系。

突然他感觉到一道耀眼的光芒，似乎黑色的宇宙瞬间变成了白色，呵，好明亮的太阳。西多利用手柄向太阳移动，反正这是 AR，不会考虑被太阳瞬间烤成气体的危险。靠近之后，太阳的光芒不见了，取而代之的是一个红色的火球。而在太阳和地球的中间，有一个探测器晃晃悠悠地在那里打转，似乎是在监视着太阳的一举一动。

这是什么设备呢？西多似乎没有接触过，但他大概能猜出，这是一台空间的太阳望远镜。至于为什么把太阳望远镜放在天上，太阳望远镜与普通望远镜有什么不同，为什么在这个特殊的位置上转悠，这些他实在想不通……

摘掉头盔，还没等西多开口，邹老师就兴冲冲地问："好玩不？"

"嗯，挺酷的！"西多说，"不过，还有个家伙没见过啊。"

"哪个你还没见过？"

"在地球和太阳之间那个。"

"哦！你可能看见 SOHO 了。"

"望京 SOHO 还是朝阳 SOHO？"

"不不不，那是个著名的太阳望远镜哦。"邹老师神神秘秘。

空间太阳望远镜

太阳望远镜一直是天文望远镜中的异类，因为太阳是那么明亮，太阳望远镜不用考虑如何增加接收的光线，考虑更多的是如何获得太阳高分辨率图像、不同波段的图像，以及如何得到各个部分的光谱信息，还有太阳的磁场、速度场等数据。毕竟，太阳是距离我们最近的恒星，因此天文学家会对太阳的各个细节进行分别观测研究。太阳由内向外可分为核心区、辐射区、对流区、光球层、色球层、过渡区、日冕。各个部分的观测方法也不尽相同，比如就有一类望远镜专门观测日冕，叫作日冕仪。按说太阳这么明亮，在地球上进行观测应该没有什么问题，实则不然。比如要研究太阳磁场，需要获得很多紫外甚至极紫外波段的太阳影像，但大气层对于紫外线的吸收很厉害，这就导致紫外特别是极紫外线观测需要到空间中探测完成。另外一个例子是日冕，按说日冕温度很高，但是我们平时并不能看到，只有在日全食时才能欣赏到如发丝般飘逸的日冕。如果想模拟日全食的效果，就需要在高海拔、空气极其纯净的地方建造日冕仪，这样才能躲避尘霾对阳光产生的散射，提高图像的反差，即便如此，也只能看到一小部分日冕。想要进行完美的日冕观测必须要到空间去。另外，如果我们看看那些地面太阳望远镜所在的位置就会发现一个共同点，它们很多都建在了面积较大的湖的旁边。因为湖水上空的空气相对宁静，对太阳望远镜成像的干扰小，可以看到太阳更多的细节。如果能够在空间观测太阳，就可以直接忽略地球大气的影响。可是，空间太阳望远镜应该放在哪里呢？

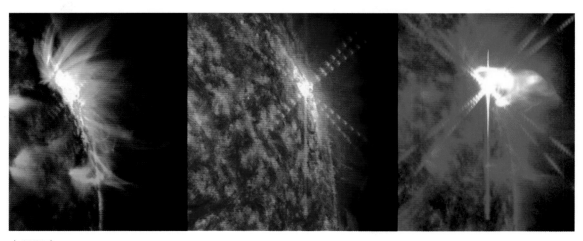

太阳画廊

太阳画廊

拉格朗日点

　　和别的空间望远镜不同，太阳望远镜放置在一个叫作第一拉格朗日点的地方。拉格朗日是一位法国数学家，他和另一位数学家欧拉共同推算出在空间中分布的 5 个特殊的点，被称为拉格朗日五点。就拿地球和太阳来说，在二者周围空间中，就存在着 5 个特殊的拉格朗日点。第一个在地球和太阳之间，与地球和太阳处在一条直线上。第二点和第三点也在这条直线上，分别在地球后面和太阳后面。第四点和第五点较为特殊，在地球轨道前后 60° 的轨道上，也就是说第四点和第五点分别和太阳、地球组成两个等边三角形。

　　那么这五个点到底特殊在什么地方呢？为什么要把空间望远镜放在这里呢？第一拉格朗日点处于地球和太阳之间，因此适合太阳望远镜放置，这样就可以一直盯着太阳了。至于第二拉格朗日点，目前认为是今后空间望远镜值得放置的地方，我国的嫦娥二号探测器就曾经拜访过那里。再比如，第四点和第五点附近就存在一类天体，叫作特洛伊小行星群。最著名的是木星特洛伊小行星群，就在木星轨道上，距离木星前后 60° 附近集结着，与木星一同绕太阳运动。

SOHO

这个空间望远镜的全称是太阳和日球层探测器（Solar and Heliospheric Observatory，SOHO，亦称"索贺号"），但其实它的英文缩写 SOHO 更加著名。SOHO 于 1995 年 12 月 2 日发射升空，虽然我们总说它的轨道在第一拉格朗日点上，但 SOHO 不会总待在那里，因为拉格朗日点并不是个稳定的轨道位置，SOHO 的轨道每 6 个月绕行第一拉格朗日点一圈。

SOHO 上搭载了 12 台探测器，对于大众而言，看到的大多是极紫外成像望远镜和宽视场光谱日冕仪。如果你想知道今天的太阳什么样，还可以直接到这个网址（https://sohowww.nascom.nasa.gov/data/realtime/realtime-update.html）去看看，那些花花绿绿的太阳

SOHO 拍摄的各个波段的太阳　图片来源：NASA

就是极紫外成像望远镜的作品。这个望远镜利用 4 个波段拍摄太阳，分别是 17.1 纳米、19.5 纳米、28.4 纳米和 30.4 纳米极紫外光，这 4 种光分别是铁的 10 次和 9 次电离、铁的 11 次电离、铁的 14 次电离、氦的 1 次电离产生的。要知道，这些光是从太阳温度极高的日冕部分发射出来的，而在相对低温的光球部分并不存在，因此通过对这四种光的照相观测，就可以了解日冕的结构，比如日冕物质抛射、冕洞现象等。

除了极紫外成像望远镜，日冕仪的视频动画也深入人心。我们看到的那种圆形的图，中心把太阳遮住的，便是日冕仪获得的数据。SOHO 上的日冕仪包括了三个部分：覆盖 1.1 到 3 倍太阳半径的区域，主要拍摄太阳附近的特写；覆盖 1.5 到 6 倍太阳半径的区域，属于中等场景的拍摄；覆盖 3 到 32 倍太阳半径的区域，属于大场景大视野拍摄（第一个日冕仪已经坏掉了，只有后两个日冕仪在工作）。有趣的是，日冕仪不但得到了多次日冕物质抛射的数据，还被业余天文爱好者们玩了起来。怎么玩的呢？他们把这个游戏叫作 SOHO 彗星猎手。

SOHO 彗星猎手

　　这完全是意外的惊喜：当 SOHO 的日冕仪不断传回数据后，人们发现，它拍到的不仅仅是日冕，还有一种犹如飞蛾扑火般冲向太阳的彗星！而且多次拍到巨大彗星直接被太阳吞没的照片。人们把这类彗星叫作掠日彗星。如果不是 SOHO，人们很难看到这类彗星。于是乎，业余天文爱好者们开始了一场利用 SOHO 数据寻找掠日彗星的游戏，具体来说就是利用日冕仪不断更新的广视场图像进行寻找，看谁的眼睛尖，看谁的运气好。科学家们顺势而为，开展了 SOHO 彗星的公众科学项目。到目前，公众已经发现了超过3 000 颗 SOHO 彗星，那些狩猎最棒的猎手都有了排名，其中还有不少是中国的业余天文爱好者呢。

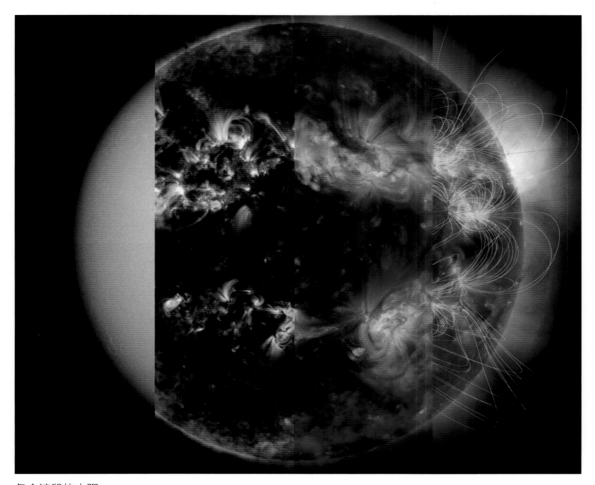

各个波段的太阳

太阳动力学天文台

虽然 SOHO 如今依然在第一拉格朗日附近转悠，并且有源源不断的数据传回来，然而它的继任者，太阳动力学天文台（Solar Dynamics Observatory，SDO）已经成为如今空间太阳望远镜的主角。2010 年 2 月，太阳动力学天文台发射升空，但它并没有再去第一拉格朗日点，而是成为一颗地球同步轨道卫星，其携带的望远镜等仪器，可以说是 SOHO 的升级版。SDO 上主要搭载了三套设备，分别是日震与磁场成像仪、太阳极紫外成像仪、太阳大气成像仪。与 SOHO 一样，太阳动力学天文台也会每天刷太阳图，如果想看看今天的太阳是什么样，可以到这个网址：https://sdo.gsfc.nasa.gov/。

这些更加花花绿绿的太阳是不是比 SOHO 的清晰度更高？展现在我们面前的大部分图像都是太阳大气成像仪拍摄的，这个设备简称 AIA。与之前的 SOHO 相比，它拍摄的波段更为丰富，一共涉及 10 个波段。最紫的 9.4 纳米和 13.1 纳米极紫外光反映了太阳耀斑活动；17.1 纳米、19.3 纳米、21.1 纳米和 33.5 纳米 4 个波段都是反映日冕的结构；30.4 纳米的氦元素电离线反映的是太阳色球；160 纳米、170 纳米和白光像都是反映太阳的光球结构。

SDO 拍摄的各个波段的太阳（一）　图片来源：NASA

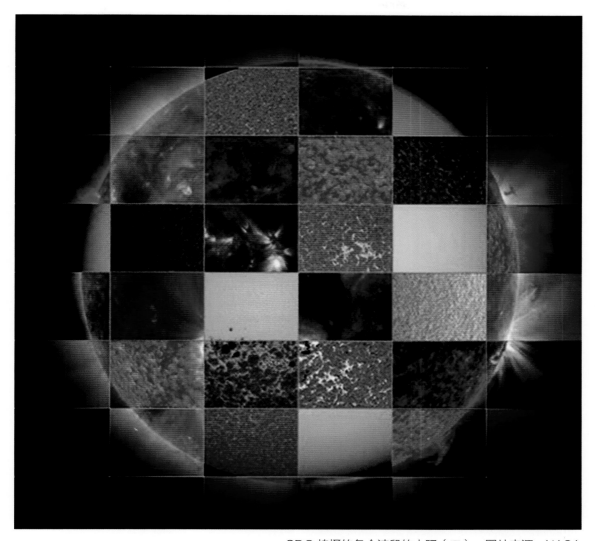

SDO 拍摄的各个波段的太阳（二）　图片来源：NASA

　　"哦，原来是这样。"西多在心里念叨着。他抬头看了看窗外的太阳，夏天的太阳真是毒辣，想必那个 SOHO 也在太空中享受着这份炙烤吧？不过在太空中应该感到热呢？还是寒冷呢？

　　"嘿，你知道吗？中国也有自己的空间望远镜。"邹老师抛出一个大话题。

　　"FAST 天眼吗？快给我讲讲！"西多忙着追问。

　　"不不不，FAST 是在贵州天坑里的。"

　　"先给我讲讲 FAST 吧，这个太火爆了啊。"西多坚持着。

　　"哎，"邹老师有些无奈，"好吧。"

太阳画廊

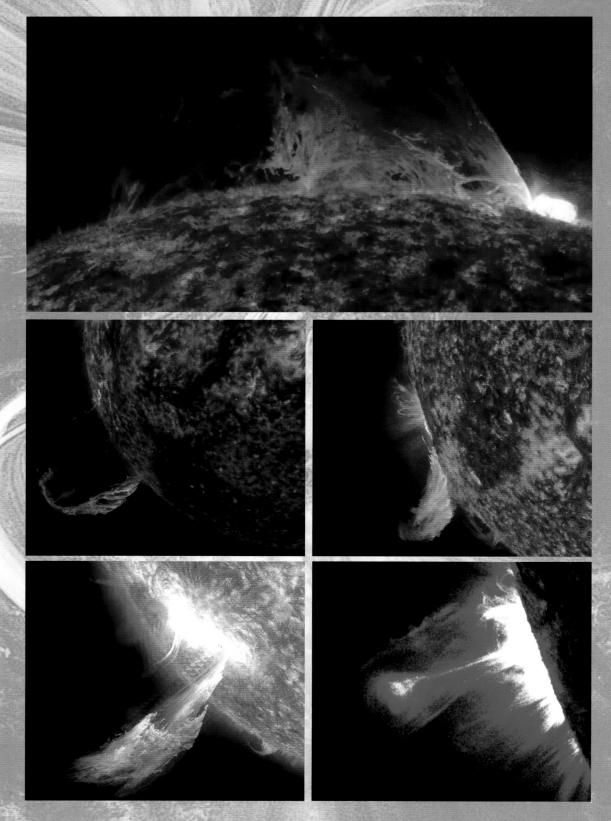

CHAPTER 8

第八章

中国的空间望远镜

图片来源：张超

说到要讲的一口"大锅"的故事，西多都饿了。可爱的邹老师为了奖励西多同学的探索精神，还特别邀请西多去食堂，体验一下科学家的午餐时光。在食堂二楼，有性价比很高的轻量自助餐，邹老师带着西多来到这里。丰富多样的家常菜，让西多的肚子叫得更欢了。

图片来源：张蜀新

各自取了心爱的食物之后，西多和邹老师到一个大圆餐桌就餐。无巧不成书，他们刚坐下，又来了好几位天文台的老师，邹老师高兴地招呼他们坐在一起，还神秘地跟西多说，这顿午餐真是来得太值了，因为这几位老师里，还有很熟悉"悟空""慧眼""月基"等中国空间望远镜的呢！西多听说，赶紧一边把肚子里咕咕叫的馋虫喂饱，一边跟在座的几位老师不停地"八卦"起来。

"悟空"大闹天宫，寻觅宇宙魅影

"什么？宇宙里的95%以上，都是我们无法看见的？甚至可能永远也看不见？"

听到研究宇宙学的陈老师这么说，西多刚喝下的一口汤差点喷出来。

陈老师是这样给西多解释的——科学家们现在普遍认为，宇宙由三部分组成，构成日、月、星辰、生命以及一切人类所认知的普通物质占到宇宙的将近5%，其余95%以上的宇宙，则是由人类还没弄清楚的暗物质（26.8%）和暗能量（68.3%）组成。

顾名思义，暗物质指的是人类目前还看不见的物质。暗物质很诡异，既不反光，也不发光，还不遮挡任何光线。甚至，暗物质视普通物质为无物，包括我们的人体也一样。每时每刻，都有无数暗物质粒子穿过人体，但人体却完全没有感觉。既然看不到也摸不着，怎么知道这玩意儿存在呢？聪明的科学家其实是通过万有引力定律，从理论上推断出了暗物质的存在，并试图捕捉这种神秘物质的踪迹。

"悟空"（Dark Matter Particle Explorer，DAMPE）是一颗终极目标锁定为暗物质的空间卫星，也是我国的第一颗天文卫星，于2015年12月17日发射升空，其核心使命就是在宇宙射线和 γ 射线辐射中寻找暗物质粒子存在的证据，并进行天体物理研究。它在"高能电子、γ 射线的能量测量准确度"以及"区分不同种类粒子的本领"这两项关键技术指标方面世界领先，尤其适合寻找暗物质粒子湮灭过程中产生的一些非常尖锐的能

"悟空"

谱（能谱指的是电子数目随能量变化的情况）信号，堪称迄今为止观测能段范围最宽、能量分辨率最优的暗物质粒子探测器。打个比方，在一定距离外，"悟空"能同时看清一个2米高的篮球运动员，以及他身体里的每一个血小板。

　　"悟空"的任务，就是通过观测宇宙高能粒子这样的间接方法，捕捉暗物质湮灭、衰变的蛛丝马迹。在太空遨游近两年后，"悟空"似乎"取回真经"。2017年底，"悟空"号首批科学成果发表，科学家获得了迄今为止对超高能电子射线能谱最精确的观测。"悟空"号的结果直接测量到电子宇宙射线能谱的一处拐折，而且有初步迹象表明可能存在一处异常波动。截至目前，人们尚未搞清楚"悟空"号带回的首批成果究竟代表着什么。如果后续研究证实这一现象与暗物质相关，将是一项具有划时代意义的科学成果，人类就可以跟随着"悟空"的脚步去找寻宇宙中5%以外的广袤未知，这将是一个超出想象的成就。即便这些成果与暗物质无关，也可能带来对宇宙天体现象的新认识。

"慧眼"硬 X 射线调制望远镜卫星

　　说起我国发射的这个"高能"卫星，先要从日常熟悉的 X 射线说起。在各类安检中，使用的都是 X 射线。这个卫星的名字前面，多了一个"硬"字。为什么要加这个字，是根据它的观测波长来划分的（波长在 0.01 ～ 0.1 纳米之间的 X 射线）。也可以理解为，硬 X 射线是能量比较高的电磁波，具有很强的穿透能力，医院里人体透视检查用的一般就是它。

　　宇宙万物每时每刻都在不断地向空间辐射电磁波。由于各种天体的性质和特点不同，所以它们所辐射的电磁波也不同。天文卫星就是通过探测各种天体所辐射的不同波段、不同强度的电磁波，对宇宙进行探测的。宇宙中，有很多极端天体物理过程都会发射强烈的 X 射线和 γ 射线辐射，比如已知的中子星和黑洞吸积物质的过程。很多巨型黑洞被

"慧眼"

尘埃包围，其他波段的 X 射线无法穿透，只能用硬 X 射线探测器去观测它们。理论推测，高能带电粒子在强磁场中的辐射以及中子星的表面和量子黑洞的蒸发，同样也会产生丰富的 X 射线辐射。因此，探测宇宙中的 X 射线对了解宇宙奥秘具有重要意义。

近些年，美国、欧洲、日本、印度都研制和发射了多个 X 射线空间望远镜，取得了大量的重要成果。"慧眼"硬 X 射线调制望远镜（Hard X-ray Modulation Telescope, HXMT）是我国自主研制的第一个硬 X 射线空间望远镜，于 2017 年 6 月 15 日在酒泉发射升空。"慧眼"呈立方体构型，质量 2 496 千克，设计寿命 4 年，运行在高约 550 千米的轨道。我国这次发射的"慧眼"与众不同的是，它主要是探测宇宙中的硬 X 射线，能量相对较高。硬 X 射线来自最靠近黑洞视界的区域，是探测和研究黑洞附近物理过程的一个关键窗口。"慧眼"还具有大视场的优势，可以绘制高精度 X 射线图，实现空间硬 X 射线高分辨巡天，发现大批高能天体和天体高能辐射新现象，并对黑洞、中子星等重要天体进行高灵敏度定向观测，推进人类对极端条件下高能天体物理动力学、粒子加速和辐射过程的认识。

"慧眼"除了可探测空间 X 射线外，还可拓展进行 γ 射线暴、恒星爆炸等探测；不仅能将宇宙事件从发生、发展到结束全过程的壮丽景象尽收眼底，还可看到这些壮丽景象出现时的时变过程，对于推动突发天体现象研究的深入意义重大，将在国际上首次系统性地获得银河系内高能天体活动的动态图景，发现大量新的天体和天体活动新现象。

月基望远镜

月基天文台，顾名思义就是建造在月球上的天文台。为什么要费劲地把望远镜放在月球上呢？因为在月球上的望远镜，在观测研究中有很多优点。例如，月球表面环境处于超高真空状态，那里完全没有大气的干扰；月球的直径是地球直径的 37 分之一，月球亦如地球一般，是一个稳定而又坚固的"观测平台"；地球自转造成天体每 24 小时升落一次，使人们无法很长时间地跟踪观测同一个天体，而月球大约每 27 天才自转一周，所以月球上每个白昼或每个黑夜都差不多长达地球上的两周。对于天空中某些重要的观测目标，人们可以用月基望远镜持续地跟踪它们。

我国嫦娥三号探测器于 2013 年 12 月登陆月球，并派遣玉兔号月球车着陆。它同时

还搭载了一台机器人式的望远镜，这就是一个月基光学望远镜，也是人类在月球上安装的首台能长期工作的望远镜。它以接近紫外波段观测各种各样的天体，例如星系、活动的星系核、不断变化的恒星、新星、类星体和耀类星体。

月基光学望远镜所获取的科学数据，已经获得了重要的科学成果，最吸引眼球的一项叫作"刷新月球外逸层中水含量上限纪录"。月球表面存在极端稀薄的大气（通常称之为外逸层）。由于外逸层极端稀薄，测量其化学成分和含量一直是一个挑战。在众多的成分中，最受关注的是大气中的水分子或羟基分子。水不仅在行星形成和演化中扮演着重要角色，而且是生命存在的保障。月基天文望远镜获得了月球外逸层中羟基密度上限值的最新值，是人类迄今为止在这一领域所获得的最好结果。这一结果是利用哈勃空间望远镜获得的上限值的近 1/100，与理论的预期大致相符。

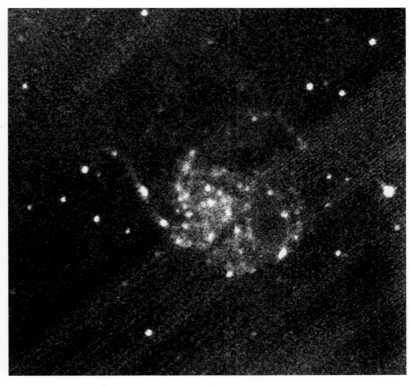

月基望远镜拍摄的 M101 星系（上）

嫦娥三号着陆器（左）

FAST 这口 "大锅"

　　就在大家热火朝天地快讲完中国这些望远镜的时候，匆匆地来了一位美丽的阿姨，在座的老师都纷纷与她打招呼，邹老师还兴奋地说："西多，你今天运气真不错，这位老师就是天文台 FAST 团组的张老师，经常给大家讲解 FAST 呢！"西多听到这里，把刚刚编好的下午缠着邹老师给他讲 FAST 的理由生生地咽了下去，这回真是赚大了！西多赶向跟张老师问好。大家都问张老师为什么这么晚才来吃饭，张老师解释说，最近都在忙着一个 FAST AR 的科普项目，下午项目的设计方要来调试，这一上午准备材料，连口水都没喝，吃口饭赶紧回去干活。西多趁热打铁，把自己连同自己对 FAST 的热爱和好奇，一股脑掏给了张老师。张老师听了也很高兴，鼓励西多继续加油，还说下午的调试设备可以让西多跟着一起感受一下高科技版的 FAST AR 体验。西多真是想拥抱一下这位漂亮的张老师了。

图片来源：张蜀新

500 米口径球面射电望远镜（英文简称 FAST）　图片来源：张蜀新

　　要说 FAST 拥有的这个"大锅"的外号，还真有点形象呢——

　　首先，与"大锅"看起来很相似的是，FAST 望远镜也是圆形的，FAST 的"锅沿"是一圈直径约 500 米、高 5.5 米、宽 11 米的环梁。但是，与我们家里用的炒菜锅不同的是，FAST 这口"锅"有些特殊，它的"锅面"是有"小孔"的，也就是说，它是一口"漏锅"！因为"锅面"是用铝网做成的。这个网，由 4 450 块边长在 10.4 ～ 12.4 米、重在 427 ～ 482.5 千克、厚约 1.3 毫米的铝制网板组成，就是科学家常说的"反射面板"。为了让这口"锅"能够更加灵活，锅沿上还有 6 670 根主索，纵横交错的索网就可以让反射面板听从科学家的命令，调整姿态，有效地接收来自

FAST 的反射面板　图片来源：张超

FAST 的反射面板　图片来源：张超

宇宙深处的射电信号，这就是科学家口中的"300 米口径的瞬时抛物面"，接收面积相当于 30 个标准足球场。

　　另外，"锅底"的"煤气灶"也与众不同，那里不是火苗，而是一个大的装置，叫作"馈源舱平台"，它位于"锅底"主动反射面中心底部，重约 30 吨的馈源舱则均匀分布在"大锅"周围的 6 个支撑塔之下，悬挂在距地面不到 100 米的高空。

　　那么问题来了，这么一口"大锅"放在哪里呢？它坐落在一个天然的"炉灶"里，这个"炉灶"学名叫作喀斯特地貌。喀斯特地貌的形成，是石灰岩地区地下水长期溶蚀的结果，看起来就是一个个的天然大坑。在我国的广西、贵州和云南东部地区有很多这样的大坑，FAST 就安家在贵州省平塘县的一个喀斯特洼坑中。

　　说了这么多，FAST"大锅"的真名到底叫什么呢？原来，人家的真名是"500 米口径球面射电望远镜"，英文名缩写是 FAST，由我国已故天文学家南仁东于 1994 年提出构想，历时 22 年建成，于 2016 年 9 月 25 日落成启用。

　　其实，FAST 还有个俗名，即"中国天眼"，是世界最大单口径、最灵敏的射电望远镜。从落成那日起，这个庞然大物开始睁开"天眼"，专注地捕捉来自宇宙深空的电磁波信号。

与德国波恩 100 米望远镜相比，"天眼"的灵敏度提高了约 10 倍；与美国阿雷西博 350 米望远镜相比，"天眼"的综合性能也提高了约 10 倍。"天眼"能够接收到 137 亿光年以外的电磁信号，观测范围可达宇宙边缘。借助这只巨大的"天眼"，科研人员可以窥探星际互动的信息，观测暗物质，测定黑洞质量，甚至搜寻可能存在的星外文明。众多独门绝技让其成为世界射电望远镜中的佼佼者。

在 FAST 提出的"科学目标菜单"上，排在首位的是"巡视宇宙的中性氢"。中性氢是指宇宙中未聚拢成恒星发光发热的氢原子。观测中性氢信号，能够获知星系之间互动的细节，还能推算宇宙发育的蛛丝马迹。

另一道值得期待的"大菜"是"观测脉冲星"。脉冲星是大质量恒星演化的最终产物。目前已观测到的约 2 000 颗脉冲星均在银河系内，FAST 将对准银河系外。2017 年 10 月，经过一年的紧张调试，"天眼"探测到数十个优质脉冲星候选体，FAST 首批认证两颗脉冲星，这是我国射电望远镜首次发现脉冲星。随着"天眼"视力越来越好，开始了脉冲星的批量发现，已经探测到 59 颗优质的脉冲星候选体（截至 2018 年），其中已经有 42 颗得到认证，并探测到有史以来最暗弱的毫秒脉冲星（截至 2018 年）。

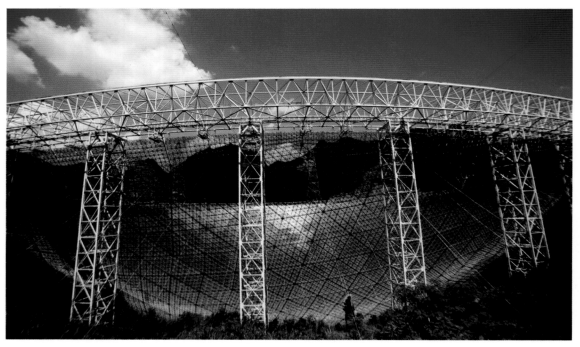

"天眼"　图片来源：张超

CHAPTER 9

第九章

下一代空间望远镜

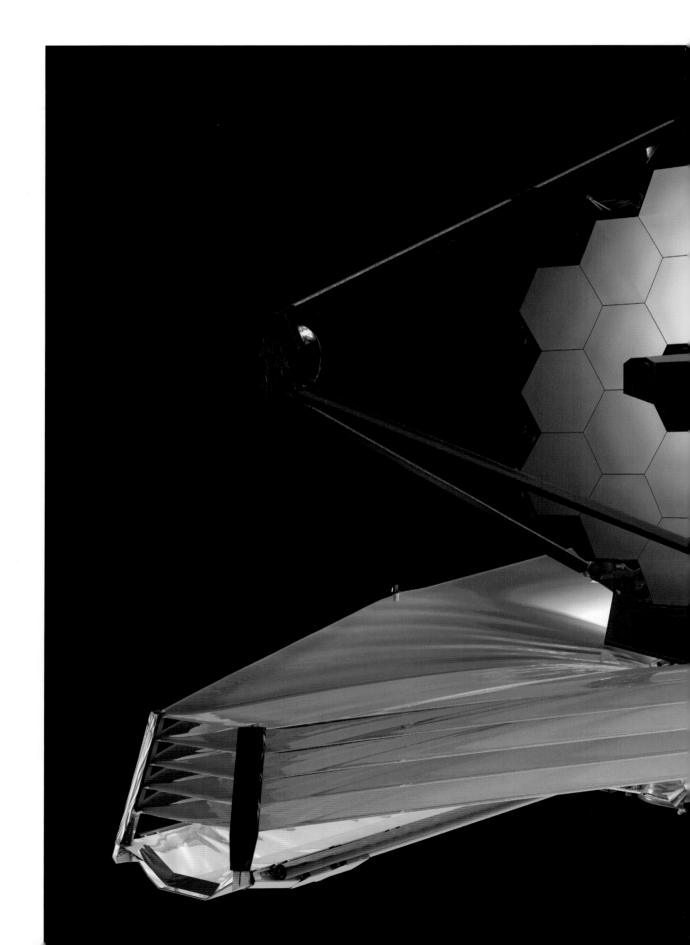

詹姆斯·韦伯空间望远镜（James Webb Space Telescope，JWST），是下一代飞向太空的红外线望远镜，发射时间从最初的 2007 年起遭遇数次推迟，最新公布的时间表预计在 2021年。詹姆斯·韦伯空间望远镜是欧洲空间局和美国国家航空航天局的联合项目，主要目的是接替哈勃空间望远镜，继续进行空间天文观测。詹姆斯·韦伯空间望远镜以美国宇航局第二任局长詹姆斯·韦伯的名字命名。1961—1968 年，詹姆斯·韦伯在担任局长期间，曾领导"阿波罗计划"等一系列

韦伯空间望远镜

从技术水平来说，两代望远镜不可同日而语。例如，詹姆斯·韦伯望空间远镜的质量约为 6.2 吨，约为哈勃空间望远镜（11 吨）的一半；哈勃空间望远镜的主镜是单个的镜片，直径是 2.4 米；詹姆斯·韦伯空间望远镜的主镜是拼接镜片，有效总直径是 6.5 米。二者都是在太空中工作的天文望远镜，但是具体位置还是有很大差距的。哈勃空间望远镜位于距离地表大约 600 千米的低轨道位置上。距离近的好处是，望远镜的光学仪器发生故障后，可以派遣航天飞机和宇航员前去维修。而詹姆斯·韦伯空间望远镜未来要待的地方则要远很多，距离地球 150 万千米的第二拉格朗日点（L2 点）上。为什么把它放得那么远呢？因为在 L2 点上，重力相对稳定，相对于邻近天体来说可以保持不变的位置，不用频繁地进行位置修正，可以更稳定地进行观测，而且还不会受到地球轨道附近灰尘的影响。

在观测目标上，二者都具有多种功能，可以按照天文学家提出的要求探测各种宇宙天体。同"哈勃"一样，詹姆斯·韦伯空间望远镜也是一种用于测量距离超过 130 亿光年的工具，寻找发生于 137 亿年前宇宙的"第一缕曙光"，换句话说，就是在"大爆炸"发生数亿年之后出现的最初时代。

此外值得一提的是，詹姆斯·韦伯空间望远镜所独有的高分辨率红外观测能力也是一项新技术。当哈勃望远镜投入使用时，专业的天文红外线探测能力和设备远不如现在。因此"哈勃"长期使用电磁辐射的紫外线和可见光部分进行观测。后期的"哈勃"在维修过程中也增加了红外线观测通道，但是"哈勃"的能力极其有限，仅是詹姆斯·韦伯空间望远镜红外线观测能力的百分之一。詹姆斯·韦伯空间望远镜犀利的红外线目光将是迄今绝无仅有的利器，它可以使成群躲藏在年轻恒星周围气体和尘埃之中的行星暴露无遗。而利用传统的光学手段，这些行星是无法看到的。让我们期待詹姆斯·韦伯空间望远镜发射升空的那一天，在太空中大放异彩。

CHAPTER 10

第十章

———

尾声

　　就像早晨的懒觉弥足珍贵，假期的最后两天，西多感觉了一种神奇的意犹未尽。9月份，他即将升入初中，进入一种新的学习状态中，之后他到底会有多少时间去关注心爱的天文学，真的很不好说。而且他已经感受到，想要学一点天文知识，还是要学更多的东西做基础才行。不过这是以后的事情啦，现在应该趁着最后两天假期，再把自己想做但是没做的事情完成才对。

做什么呢？

西多突然想去看看真正的星空。

说来也是，学了好长时间的空间天文望远镜，也看了 Kyle 给自己发的邮件，怎么就没想起来亲自体验下夜晚看星星呢？想到这里，他一骨碌爬起来，到电脑前查起了天气：今年夜间，多云转晴，傍晚局部地区有小阵雨，空气质量，良。

西多没有一点夜晚天文观测的经验，要不要去呢？他和父亲商量，没想到父亲居然爽快同意了。就这样，这天上午他们进行了短暂的准备，就开车一路向西北走去。

八月底的太阳真是毒辣，天空中大块大块的白云正在聚集，似乎在玩着什么游戏。时间不长，车就进入山区，山脊上的烽火台和残破的长城沿着山脊，都被甩到后面去了。过了山区是一望无际的平地，要是再走几个小时，估计就能到内蒙古大草原了吧？或许那里的星空会更美？西多想着想着居然睡着了。

图片来源：[美]欧阳凯（Kyle Obermann）

等西多再次醒来，父亲开着车正在暴雨中狂奔。西多的心一下子凉了——这大气还怎么看星啊！不过父亲经验丰富，分析说这是局地性的积雨云降水，在华北平原很常见的，几个小时就可能雨过天晴的。父亲指着左前方，西多看到了天边的一种很漂亮的蓝绿色，真是好看啊，那里是一片干净的晴空！

经过四个多小时的车程，周围的景物和之前相比已经变化得太多了——无尽的草原，让西多感觉到一种踏实和安静。在太阳落山前，他们到了一个叫正镶白旗的地方。大草原上，大大小小的射电望远镜无声地指着天空。

太阳的最后一缕光影在温柔的山影那边消失，天色正在绚烂地变化着，西边天空从红色变成黄色，然后是蓝色。不一会儿头顶就变成了墨水蓝。而在东边，一个蓝灰色沉沉的影子慢慢升了起来，灰影之上还有一抹粉红。

真美啊！西多心里赞叹着，随之不由得打了个激灵——草原上真冷！

图片来源：[美]欧阳凯（Kyle Obermann）

天色越来越暗，一个个星点在黑丝绒般的夜空中慢慢现身。开始，西多还尝试数一数，后来他放弃了，直到天空中出现了一条白色的云雾，横贯天顶，在南边垂了下来，哦不对！这不是云雾，这是银河！赫歇尔红外空间望远镜和斯皮策空间望远镜所观测的，就是银河中的那些尘埃！欸？西多心里奇怪，这些话怎么突然就冒出来了呢？星星出来的速度让他来不及多想，天空已然全黑了，银河越来越清晰。这种景象在城市中，他想也不敢想啊！

头顶，织女星、天鹅座大十字、河鼓二在银河附近闪烁；在南边的银河附近，似乎银河分成了两个支流。红色的天蝎座大火星尽情展现着它迷人的颜色。背面，北斗七星在低调地趴着，不过再低调你也休想忘记它。这就是星空啊！西多突然明白了为什么天文学家对星空如此痴迷，为什么提到星空邹老师就两眼放光，为什么那么多空间望远镜飞上天空，去打量这个宇宙的奥秘。在神秘的星空下，人类真是渺小，虽然渺小，但我们依然以无限的好奇心，去探索这个世界……

从内蒙古回来，西多利用假期的最后一个晚上给邹老师写了一封长长的信，由于篇幅太长，我们在这里就不提了，只看看信的结尾：

……昨天，父亲和我去内蒙古草原看星空了，真是让人难忘。我想下次也许有机会去野外的天文台站看看，不知那里的天文学家是怎么工作的呢。星空真是美好啊……

没想到，邹老师很快就回信了。只有两句话：

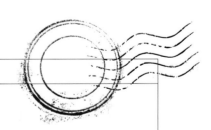

西多同学：
　　你写的关于空间望远镜的文字我们一起整理后，准备予以出版。
　　祝好。

邹

本书配有大量精美图片，主要选自美国国家航空航天局（NASA），喷气推进实验室（JPL）、欧洲空间局（ESA）等网站。作为科普读物，为了展示更多的天文景象，部分来自网络的图片没有注明出处，在此对这些网站表示衷心的感谢。